21世紀の物理学 ②
潜象エネルギー多重空間論
新しい万有引力・重力理論の考え方と潜象エネルギーの実用化

長池 透

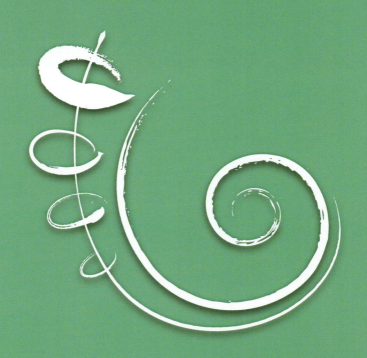

今日の話題社

シルベリーヒル

イギリスのストーンサークル

ストーンヘンジ

神護石

下右　野中堂日時計と黒又山
下左　万座日時計

はじめに

　話は、今から百年ほど前に遡る。その頃、米国には、エジソンとテスラという二人の有名な電気科学者がいた。彼らは発明家でもあった。

　エジソンは日本の竹を炭化して、白熱電灯のフィラメントに使った人である。

　一方のテスラは、一般的には馴染みのない人であるが、電気学界では、著名な人である。磁界の強さを表す単位テスラは、彼の名前が使われている。

　テスラはフリーエネルギーと呼ばれる未知のエネルギーの開発にも取り組んでいる。

　このエネルギーを使った彼の電気自動車のモデルは、完成されたがその実用化は、誰かに阻まれてしまい、一般化はされなかったそうである。

　その未知のエネルギーというのは、今、私が潜象エネルギーと称しているエネルギーの一種のようである。

　このフリーエネルギーの研究は、現在でも、世界中で進められている。いわゆる、化石燃料に代わる新しいエネルギーなのである。

　私は、このフリーエネルギーの開発の流れとは違って、瞼を閉じたとき視える光（潜象光）の研究から始まって、宇宙は、現代物理学が未だ認知していないエネルギーが、幾重にも取り巻いているという結論に到達した。

　この「潜象光」という聞き慣れない言葉について若干説明しておくこ

5

はじめに

とにする。

　話は17年程前に山形県にある出羽三山の一つである湯殿山に参詣したときのことである。

　ご神体と言われる湯が湧き出ている巨石を回り込んでその奥の断崖になっているところに、立った時のことである。そこには眼下の渓谷を隔てて向こう側に山体が見える場所であった。美しい景色だと思いながら、何気なく瞼を閉じた。すると、思いがけない光景が目の前一杯に広がった。瞼を閉じたので眼前の景色は消えたが、その代わり、光エネルギーの流れだけが視えてきた。

　最初は、ピンク、オレンジ、黄色、それに赤色が横方向に幾層にも重なり合って穏やかな波のうねりのようなエネルギーの流れであった。

　そのうちに中央部が次第に盛り上がって山型になった。たとえて言えば、褶曲山脈の縦断図のように、色々の色が幾層にも重なりあったエネルギー（光）の流れになった。

　しばらくすると、視界の左右の上の方から、滝の水が流れ落ちるように黄色っぽいオレンジ色の光の滝が流れ落ちてきた。

　これらの光の流れに、今度は視界の下の方から金色の光が噴出してきた。火山の爆発のようなきらめく光であった。この三種の光が同時に視えたのである。光の一大ページェントであった。宇宙の玄妙さにしばらくは浸りきっていた。

　ややあって、瞼を開くと普通の山の姿があった。この後、各地の霊山と言われる山々を巡り始めた。それらの山々では湯殿山程の強烈な光エネルギーではなかったが、山全体がオレンジ色の燃え立つような光とか、黄色の光が噴出している光景、あるいは紫色が山全体から現れるなど、色々な光エネルギーを見ることができた。これらのことは本州、四国、九州の各地で体験したことである。英国でも同じような光を視ることができた。

　私はこれら光エネルギーのことを「潜象光」と呼ぶことにした。瞼を

6

閉じた時視える光だからである。眼を開いた状態で普通に見える光のことを顕象光と呼ぶことにした。詳しい話は『神々の棲む山』（たま出版）をご覧頂きたい。

そしてこれが宇宙は人間が未だ知覚していないエネルギーに充ち満ちていることに気付かされる糸口になったのである。いま私が潜象エネルギーと呼んでいる宇宙エネルギーの研究は、この潜象光を知覚することができたときに始まったとも言える。

しかも、この潜象エネルギーは超古代に、巨石文明を築いた人たちが利用していたと、思われるのである。

彼らは、現在、海中に沈んでいる大陸に住んでいた。ムー大陸、レムリア大陸、アトランティス大陸などと呼ばれている大陸である。

それは5万年前とも、10万年前とも言われる昔の話である。これらの大陸に花開いていた文明というのは、現代の科学とは、全く違った科学に支えられていたものであった。

前著では、宇宙には、潜象エネルギーが、充ち満ちていることについて説明した。

今回は、この潜象エネルギーの研究を通じて重大なことに気がついた。

それはニュートンの万有引力・重力の考え方は、違っているのではないかということである。計測データが違っているというのではなくて、なぜ万有引力・重力が発生するかという根本的な問題である。

潜象エネルギー空間の考え方を導入すると、これまでの科学とは違うもう一つの科学が考えられるのである。

また、テスラが発明したにもかかわらず、実用化が陽の目を見なかった電気自動車の基になっていると思われるエネルギー源が、宇宙に存在する別のエネルギーであり、これを利用していたと思われる超古代巨石文明についても、言及してゆきたいと考えている。

この研究は、無尽蔵の宇宙エネルギーを対象とした実験を必要とする

はじめに

ので、一歩、一歩、注意深く進めてゆくことになる。

この本の中では、まず、超古代巨石文明と、現存する巨石遺跡である
ピラミッドや、ストーンサークルが、なぜ造られたかから入っていくこ
とにする。

また、上記とは少し異なるが、テスラの時代から、現在でも世界中で
研究されているフリーエネルギーの研究に就いても、述べるつもりであ
る。

そして、これらに著者独自の経験とそれから導き出した考え方に基づ
いて、潜象エネルギーの顕象エネルギー化はどうすればよいか、その取
り組み方について説明してゆくことにする。つまり、この本のテーマは、
万有引力・重力とは一体何であるか、また、宇宙エネルギーの実用化に
ついての考え方を示すことである。

21世紀の物理学②　潜象エネルギー多重空間論　　目次

はじめに　5

第1部　海中に消えた旧大陸とその超古代文明　13

アトランティス文明　14
エドガー・ケイシーのリーディング　14
フランク・アルパーのムーとアトランティス　16
ムー大陸　17
宝瓶宮福音書　17
超古代巨石文明遺跡　18
世界のピラミッド　18
ギゼのピラミッド　20
イギリスのシルベリーヒル　22
メキシコのピラミッド　23
日本のピラミッド　23
黒又山　23
皆神山　24
三輪山　25
葦嶽山と弥山　25
神護石　26
ストーンサークル　27
イギリスのストーンサークル（ストーンヘンジ）　27
日本のストーンサークル　29
大湯のストーンサークル　29
安心院のストーンサークル　29

アトランティス文明の継承　31

第2部　万有引力（重力）と未解決の物理現象　35

現代のフリーエネルギー研究　35

テスラの実験とハチソン効果（ポルダーガイスト現象）　35

消えた台風のエネルギー　37

台風の目のところの運動エネルギー保存則は？　38

潜象エネルギー場の回転の違いについて　47

万有引力・重力とは本当に2物体間に働く力なのか？　48

ジャイロ（独楽）の不思議　59

リニアモーターに発生する垂直力とは何か？　62

第3部　潜象エネルギーを顕象エネルギーに転換するには？　71

現代物理学からのアプローチ　73

立体スパイラルコイル　74

　近似磁気単極装置　80

　基礎実験（1）　87

　テスラコイルの改良型　88

　　1.　6角アンテナとテスラコイル　88

　　2.　複数6角アンテナ　89

　　3.　2重3角アンテナ　90

　基礎実験（2）　91

　2重スパイラルコイルの実験　92

磁場と電場の変換について　93

ハチソン効果　95

潜象エネルギーを集めるには？　97

潜象エネルギーの検出方法　98

　ブースターコイル　99

水晶の実験　101

3重コイルの試作　103

コラム1　メリーゴーラウンド回転場　110

コラム2　えんぶり太夫の舞からの発想　112

円環磁石の磁場に発生する力場　120

コラム3　花と渦巻き　124

立体磁束流構造　127

2重磁場　128

3重テスラコイルと3重立体テスラコイル　129

潜象エネルギー場（水晶による実験）　131

虚数空間表示について　139

コイル形状を変えての潜象エネルギーの顕象化テスト　142

コラム4　放射能の除去について　156

潜象エネルギーの検出に関わる追加テスト　159

　ノーブレード・ヘリコプターの製作は可能か？　159

　ハチソン効果テストと潜象エネルギー空間論によるテスラコイル活
　用との違いについて　165

　各種潜象エネルギー検出テスト　166

　水晶によるストーンサークル・モデル　169

　外郭6角柱および中心立石　172

　イギリスのストーンヘンジ・モデル　180

おわりに　183

第1部

海中に消えた旧大陸とその超古代文明

　数万年もの昔、地球上には、ムー大陸とか、レムリア大陸といった大陸があった。そして、アトランティス大陸も存在していた。

　しかし、地殻大変動が起こり、いずれも海中深く沈んでしまった。いまは、アトランティックオーシャン（大西洋）にその名をとどめているに過ぎない。

　この地殻大変動を引き起こしたのは、アトランティス人が大規模なエネルギー制御装置を誤動作させたために、エネルギーの制御不能に陥ったことによるという。

　かつて、これらの大陸が存在していたと言うことについては、イギリスの探検家ジエームス・チャーチワードが発見した、ムー大陸の記録が、粘土板に記されていたことや、アメリカの眠れる大予言者と言われたエドガー・ケイシーのリーディング、あるいは、フランク・アルパーのアトランティスなど、多くの出版物によって、世界中に紹介されている。

　また、ギリシャの大哲学者プラトンの書に、太古の昔、西の方に大陸があったという話があり、それがコロンブスのアメリカ大陸発見の緒になったともいわれている。

　ムー大陸は今の太平洋に、また、レムリア大陸はインド洋にあったとも言われている。

　この二つの大陸の消滅については、明らかではないが、アトランティス大陸については、色々なことが判っている。

13

これらの大陸には、現代の物理学や文明とは、まったく違ったものが発達していた。

その基本的なものは、エネルギー源である。現代の文明は、エネルギー源として石油、天然ガス、石炭といった化石燃料や、原子力によって支えられている。しかし、これらは地球温暖化や、放射能汚染の大きな要因となっている。

最近は、地球温暖化防止のために、太陽光発電、風力発電が、開発されてきたが、まだ、エネルギーの大半をまかなうには至っていない。

アトランティス文明に用いられたエネルギーは、現代のものとは全く違ったもので、無尽蔵である宇宙エネルギーであった。

これは、筆者がこれまで述べてきた潜象エネルギーに当たる。

これを大規模な人工のクリスタルに集約して、動力源としていたようである。この集約された宇宙エネルギーは、物体の浮上、運搬や、現代の電気力利用に相当する技術に用いられていた。

次に、アトランティス文明を主体に、宇宙エネルギーを利用した文明の概略を述べる。

アトランティス文明

エドガー・ケイシーのリーディング

『エドガー・ケイシーの大アトランティス大陸』(エドガー・エバンス・ケイシー著、林陽訳、大陸書房)によれば、眠れる予言者とも言われるエドガー・ケイシーのリーディングの中に、アトランティス大陸とその文明の記述が、いくつも述べられている。

「アトランティス大陸の位置だが、これは、メキシコ湾、他方は地中海のその間を占めていた。この失われた文明の証拠は、ピレネー山脈、モロッコ、英領ホンジュラス、ユカタン、アメリカに見られる。かつて、

一度はこの大陸の一部であったはずの突出部は、いくつもある。

英領西インド諸島、バハマ諸島は、今も見られるその一部である。この間のいくつかで、地質調査がなされるならば、特に、ビミニや、メキシコ湾流において、このことが結論されるであろう」

「ナイル河は、大西洋に注いでいた。今のサハラ砂漠は、人の住める肥沃な土地であった。今のネバダ、ユタ、アリゾナの一部が、合衆国の大半を占めていた。当時、大西洋海岸沿いの地方が、アトランティスの外辺部、低地を作っていた。アンデス山脈、南米の太平洋岸は、レムリア大陸の最西部を占めていた」

「場所から場所へと飛行機で輸送し、遠くから写真を撮り、遠くからでも壁をとおして文字を読み、重力そのものを克服し、恐ろしく巨大な水晶体を操る電気力が発達した時代……」

「イギリスで生産されている絶縁体の総合力を伴うアスベストに幾分似た絶縁金属、ないしは、絶縁石を貼られたとも言うべき建造物……」

「今で言うプリズム、あるいはガラスによる収束が、誘導方式による様々な様式の旅行に結びついた機械に作用するような方法で、行われていた。その種の力は、航空機自体の中にある駆動力に作用した」

「その石の構造について述べると、シリンダー状の巨大なガラスである。その頂上の冠石が、シリンダーの末端と冠石の間で収束される力の集中化を促す形にカットされていた」「その構造法の記録は、地球の三つの場所に、今なお、存在する。アトランティス、または、ボセイディアの沈める部分、そこでは神殿の一部がフロリダ海沖、ビミニとして知られている所に、近々海水の泥土の下から発見されるであろう。

さらに、その記録は、今、中米のユカタン半島になっているところに運ばれたが、そこでは、これらの石は（それとは知られずに）この2～3ヶ月に発見されようとしている。

それはアメリカに持ち込まれ、ペンシルバニア州立博物館に、運ばれることになろう。一部は、また、ワシントンの遺物保管所か、シカゴに

15

運ばれるはずである」

「エジプトのスフィンクスから記録の室へと続く記録所にある」

「位置については、太陽が水平線から上昇し、その陰（または光）の線がスフィンクス両手の間に落ちるところに、横たわっている」

「ツーオイ石の謎」

「六角形の形状をなし、その中で、光が無限と有限をつなぐ手段として、あるいは、外から来る力とのつながりを生み出すための手段と、なったものである。後に、これはそこからエネルギーを放射されるもの、つまり、アトランティス人が活動したこれらの時代に、様々な伝達、または、旅行方法を誘導した放射状の活動を生み出すためのセンターを意味するようになった。航空機の誘導や、旅行の手段があったのは、その時代である。

空中や、水上や、水面下を全く同じように航行した。

これらを誘導している力は、この中央パワーステーションでは、ツーオイ石のなかにあった」

フランク・アルパーのムーとアトランティス

『アトランティス』（フランク・アルパー著、高柳司訳、太陽出版）には、三大陸のことについて、次のように述べてある。

「ムーとして知られるレムリア大陸は、10万年あまり、存在していた。現在のアメリカ合衆国の東海岸の遙か前方に当たるところにアトランティス大陸は存在していた。紀元前8万5000年のことである。レムリア大陸とアトランティス大陸とは、地底深いところで、トンネルで結ばれていた」

「その後、地球活動の変化により、大規模な地殻変動が発生して、両大陸とも崩壊してしまった。

この大陸での科学の基本をなしていたのは、クリスタルによる宇宙エネルギーの活用であった。

また、両大陸の崩壊にもかかわらず、そのキーとなる場所が、今でも4カ所に存在している。ヒマラヤ山脈、ピラミッド、アリゾナ磁気山、ニュージーランドである。

　これらの場所に集まる宇宙エネルギーを、人類が利用することができるには、一つの条件がある。それは、全人類に対する愛の意識である。これがない限り、宇宙エネルギーの活用はあり得ない」と、言っている。

　また、ケイシー・リーディングにあるツーオイ石の形状（サンプル）が図示されている」

ムー大陸

　ジョージ・チャーチワードは、彼が発見した超古代の粘土板に記されていた絵文字から、ムー大陸の科学について、次のように述べている。

　それによると、重力とは、磁力（冷磁力）であると述べている。この磁力であるが、現代物理学で言う磁力とは、異なっているようである。このことは、冷磁力という表現からも推察できる。

　太陽光線についても、元来、冷たい光線であるとも述べている。

　このように、太古に、地球上に存在した3大陸については、それぞれ、差異はあるが、現在とは違った大陸が存在して、現代科学とは全く違った科学が発達していたことは、間違いないようである。

宝瓶宮福音書

　この本は、イエス・キリストの生涯を書いた本である。

　現在世界中で広く読まれているのは新約聖書であるが、新約聖書で欠落している部分がある。それはイエス・キリストの生涯で、布教を始める前の数年間の記録が書かれていないことである。

第1部　海中に消えた旧大陸とその超古代文明

　この本には、その数年間、真理を求めて世界中を旅していたと述べてある。日本を訪れたとも記してある。

　その中に、ピラミッドとスフィンクスの間にある地下の記録の部屋で修行したことが述べられている。ここで真理を悟り、布教を始められたようである。

　詳細についてはここでは省略するが、ピラミッドとスフィンクスの間には、地下道があって、そこに記録の間という部屋があることが示されている。

　前に述べたように、ケイシー・リーディングにも、この部屋のことが述べられているので、この場所に記録の間があることは確かであろう。

超古代巨石文明遺跡

世界のピラミッド

　これら3大陸が、海中深く沈んでから、数千年ほど後に、ピラミッドやストーンサークルが出現したと、考古学上はなっている。

　これらの巨石遺跡は、アトランティス人が大陸陥没から逃れて移り住んだ土地に造られている。

　これらの人たちは、当然のことながら、アトランティス文明を熟知していたはずである。

　にもかかわらず、この人たちは移り住んだ土地で、すぐにはアトランティス文明を再現しようとはしなかった。

　なぜであろうか？

　そして、数千年を経て、何世代も後になって、やっと、ピラミッドや、ストーンヘンジを造ったのであろうか？

　それも、アトランティス文明とは、全く違った形のエネルギーセンター

18

と思えるものを造ったのであろうか？

　この答えは簡単である。ケイシー・リーディングによれば、ピラミッドは約１万年前に建設されたと述べてある。これにはアトランティスから、エジプトに移り住んだアトランティス人も参画していると述べてある。

　建設年代の違いは、現代人が炭素年代測定法を、ストーンヘンジの建設時代の測定に誤用したことによる。元来無機質な岩石には、炭素年代測定法は適用されないのに、これを準用したことにあったようである。ということは、ストーンヘンジも、ピラミッドも現代推定されているよりも遙か以前に建設されたと考えてもおかしくはない。

　ここでは年代測定法の違いをどうこう言うことではなくて、これから具体的にアトランティス文明を現代に再現させるには、どうすればよいかを考えることである。

　その技術の中では、アトランティスの科学が、応用されている。

　何かというと、クリスタルを利用することである。といっても、クリスタルそのものではなくて、石英を含む岩石を利用していることや、岩石などの重量物を運搬するのに、地上ではなくて、空中を浮揚させて運び、構築にもその技術を利用したと、思われるのである。

　現在の考古学では、これらの巨大石造物はすべて人力に拠って運搬され、建造されたことになっているが、これは現代の土木工学からの推測に基づくものであって、当時には全く違った工学が発達していた事を知らない学者による推測に過ぎない。

　ストーンサークルや、ピラミッドの構築には、間違いなく、アトランティスの科学が利用されているのは、明らかである。

　それには２つの理由が考えられる。

　一つはツーオイ石でエネルギーの制御を誤作動させたことによって、地殻大変動を起こしてしまったので、２度とこのような大変動を起こさ

第1部　海中に消えた旧大陸とその超古代文明

ないように、意識して、大エネルギーの制御を行わないことにしたと、思えるのである。

　もう一つは、ツーオイ石と、その周辺機器の製作技術が、消え失せてしまったかもしれないということである。

　スフィンクスとピラミッドの間の地下にある記録の間には、アトランティス文明の記録が残されていることから、後者の理由よりも、前者の理由の方が、大きいと思われる。

　アトランティス文明の扉が開く条件として、人々の心が愛に満たされることがあげられている。

　だから、ツーオイ石による大エネルギーの制御ではなくて、ピラミッドや、ストーンサークルのように、小規模なエネルギーの制御を行ったのではないかと考えられる。

　ストーンサークルや、ピラミッドは、考古学者が言うように、祭祀や、単に、暦の上の天文学的な方位と、時期を知るために、造られたものではない。

　何か、ツーオイ石の技術を使ってはいけない理由があったはずである。

　ツーオイ石技術よりも、かなり小規模だが、宇宙エネルギーの収集制御装置であることには、変わりがないと考えてよい。

　このことをよく心に留めて、ピラミッドやストーンサークルの謎にチャレンジしてみる。

　英国にあるストーンヘンジやストーンサークルには、石英を含んだ岩石が使用されている。

　日本にあるストーンサークルや、神護石でも、同じである。

ギゼのピラミッド

　エジプトのギゼのピラミッドに使われている岩石は、石灰岩であって、石英を含む岩石ではないという記述の本もあるし、石灰岩とともに

花崗岩や石英を含む他の岩石も用いられていると記述されているものもある。

ちょっと不思議であるが、その理由は恐らく次のようなことであろう。

このピラミッドは、建設当時、表面を大理石のような石版で覆われていて、その頂上には、光る冠石が置かれていたというのである。

しかし、表面を覆っていた岩板ははぎ取られ、冠石も、いつの間にか、消失してしまっている。

恐らく、冠石はツーオイ石のように、クリスタルであったろうし、岩板も、クリスタルか、あるいは石英を多量に含む岩石であったろうと思われる。このことについては、石英を含む岩石や山々からは、多くの潜象光を視ることができた筆者の経験からも、推測できる。

このように考えた理由は、琵琶湖の傍にある伊吹山である。この山は、珍しく石灰岩の多い山であるが、中腹から上の方には、石英を含んだ岩石からなっている。だから、山麓から中腹にかけての潜象光は、あまり出ていない。中腹から山頂にかけては、潜象光が強く出ている山である。

このことからも、石英には潜象エネルギーを集める力があることがわかる。

だから、ギゼのピラミッドも、冠石や、表面を覆った岩板があった頃は、宇宙エネルギーを多く集めていたものと推察される。

ところが、ケイシー・リーディングによれば、この冠石があるべきところには、「冠石はヘテ（創世記10・15）の子らが取り去って以来、長いこと経っているが金属でできていた。これは当時の人が開発した合金によって銅・真鍮・金が融合された破壊不可能な金属である」このように、冠石は水晶ではなくて、金属であると述べてある。

アトランティス文明を追いかけている筆者としては、少なからず違和感を覚えた。また、この表現が金属球とは言わずに冠石と呼ばれていたことも、少し変である。しかしいずれにしても、このピラミッドで、エネルギーを取り出していたことは、間違いないであろう。

21

もしかしたらの話であるが、ピラミッドに冠石や、表面を覆った岩板があった時代は、宇宙エネルギーを多く集めていたものと、思われるのである。

もし、そのような状態に戻すことができたら、宇宙エネルギーを多く集めることができるのではないかと、考えられる。

このような状態が復元できれば、副次的な話であるが、周辺の気候に変化が生じて、サハラ砂漠に雨が降り、草木が生えるようになるかもしれない。

元々、サハラ砂漠は、その昔、肥沃な土地であったと言うから、ピラミッドの力が失われたことにより、集められた宇宙エネルギーがなくなり、ナイル川の流れも変わり、砂漠化が進んでいったとも考えられる。

巨大な砂漠を、肥沃な土地に戻すのは、一大事業であるが、年間雨量が500ミリとか、1000ミリ以上ないと、現代科学では大規模な緑地化は期待できない。

ピラミッドの発掘も大切な仕事であるが、ピラミッドの復元が行われれば、科学技術の上からも、また、砂漠の緑地化にも、貢献することになる。

エドガー・ケイシーの予言にあるように、このことは、エジプトの人達が闘争することをやめ優しい心を取り戻すまでは、実現しないことではあるが、本格的な砂漠の緑地化には、このような方法もあるのである。

イギリスのシルベリーヒル

ストーンヘンジの北方96キロメートルのところに、高さ39メートルの美しい円錐形の丘がある。周辺の平らな地にぽつんと置かれているといった印象の丘である。

周りとの対比からいかにも人工の小山といった感じがする。ストーンヘンジからは離れているので、その関連性はよく分からないが、いかに

も人工の小山であることは確かである。

メキシコのピラミッド

メキシコにも数多くのピラミッドが残されている。

メキシコシティーの郊外にある、太陽のピラミッドや月のピラミッドが有名であるが、この他にもユカタン半島に多くのピラミッドが残されている。これらについての研究はあまりなされていない。

かなり前になるが、太陽のピラミッドには、一度登ったことがある。頂上は平らになっていて数十人の人が立てる程広くなっている。そこに登った人達は上方に両手をかざして、光を受けていた。それはいま考えると潜象光を受けていたのであろう。

日本のピラミッド

日本にあるピラミッドは、エジプトやメキシコにあるピラミッドが明らかに人工の建造物であるのに対して、自然の山を利用したピラミッドである。これらは東北地方から中部地方、近畿地方、中国地方、さらには九州地方と、広く分布しているが、エジプトやメキシコのように、形状的にピラミッドと認識できにくいものが多い。

その中でいくつか代表的なものを挙げてみる。

黒又山
秋田県大湯のストーンサークルの近くにある黒又山（クロマンタ）は、全山土と木々に覆われており、一見人工の山とは見えない。

しかし、この山の地下探査をしてみると、階段状に石が積み上げられていると言うことである。この山の頂上には神社が祀られている。

地下探査に引き続き、掘り出そうと試みられたが、事故が相次いで起

こったため、中止になったそうである。

従って、人工ピラミッドの全容は明らかにされていないが、ストーンサークルと関連して、潜象エネルギーを集約する役割を持っていたものと思われる。もちろん、この山からも、オレンジ色の潜象光が放散していたことは、確かめられた。

皆神山

長野県にあるこの山は、松代群発地震の調査の時、何度も登ったことがある。

この山は日本最大のピラミッドであると言われており、第2次世界大戦の折、万一の場合、天皇の御座所をここへ移すという目的で、何キロにもわたる地下壕が掘られた。

完成前に終戦になり、工事は中断している。戦後、この地下壕（トンネル）を利用して、地震研究所が設置された。現在でも、超伝導地震計や、各種の地震計が設置されており、日本のみならず、世界中の地震波を観測している。

地下壕を掘るとき、土が崩れやすく、このことから、人工の山ではないかと、判断されたようである。

戦前、大本教の教祖である出口王仁三郎が、この山を彼の宗教のよりどころとしており、富士山を天教山、皆神山を地教山と呼び、今でも年2回は信者が参詣するという。

この山からも、強い潜象光が放たれていることは確認している。また、この山はこの山の南にある生島足島神社と潜象エネルギー的に関連していることも認められた。（『霊山パワーと皆神山の謎』参照）

この山の地下が、天皇の御座所に選ばれた理由は、謎のままである。明治時代に神道家大石凝真須美が現れた。天津金木学、天津菅素学を著した霊能者である。彼はこの山について、次のように述べている。

皆神山は尊い山であって、地質学上、世界の山脈十字形をなせる世界

の中心点であるという。

三輪山

　大和には、大和三山と呼ばれている香具山、畝傍山、耳成山がある。この山の中では、耳成山が人工の山に見える。著者の印象では、畝傍山を少し削り取って耳成山を造ったように見えた。畝傍山の山容が、一部が少し削り取られたような形になっているので、余計そう感じたのかも知れない。この２つの山の地質は同じである。

　この三山は２等辺三角形をなしている。そしてそれぞれの山から潜象光が立ちのぼっているのが視えた。

　この大和三山とともに有名なのが、三輪山である。この三輪山は、畝傍山から三山の底辺に下ろした垂線のほぼ延長線上に位置しているので、三山との関連も考えられる山でもある。三輪山の山容はゆったりとしたピラミッド型の山である。この山は人工の山とは見受けられないが、強い潜象光を発している山である。この山の山頂には大きな磐座がある。この磐座は人工的なものであり、潜象エネルギーを集めるためのものであることが、よくわかる。ここで視える潜象光は非常に明るい黄色の光である。また、この光が変化して黒い円の周りに放射状に金色の光も視えた。特殊な光である。これと同じような光は出雲大社でも出ていた。

　これらの山々は、耳成山を別にすれば、人工の山ではなくて、自然の山である。しかし、三輪山の頂上にある磐座は、明らかに他所から岩を運んできたものであることが判る。しかも、運びやすいように、大きな磐ではなくて、小振りの岩を積み上げた磐座となっている。

　この山は、撮影禁止になっており、登山する前に社務所にカメラを預けなければならない。だから山頂の写真は撮れない。

葦嶽山と弥山

　中国地方では、ピラミッドとして明治時代、酒井将軍によって、初め

第1部　海中に消えた旧大陸とその超古代文明

て紹介された葦嶽山がある。ここにある巨石は人工的に切り出されたと思えるようなものが何個もある。

また、厳島にある弥山の頂上にも、人工的に積み上げたと思える巨石がいくつも置かれている。

神護石

山口県や九州には、山肌に神護石と呼ばれる石の配列がある。この中では、福岡県久留米市にある高良大社の神護石が有名である。

口絵写真にあるように、これは山肌を囲むように、麓から頂上に向かって、立石が螺旋状に配置されたものである。大部分は、地震により崩壊しているが、数カ所その遺跡を見ることができる。

一つの山を取り巻くように、立石が配置されているのである。この立石群からは潜象光が発しているので、山をこの石群で囲むことによって、潜象エネルギーを集約していたと考えてよい。つまり、自然の山を利用した一種のピラミッドであると考えられるのである。

この他にも、日本各地には、自然の巨石を利用したピラミッドと思えるものが多い。ここには挙げないが、興味のある方は、拙著（巻末に記載）をご覧頂きたい。

日本でも、大湯のストーンサークルに用いられている石材は、石英を含む岩石である。

また、山口県や九州にある神護石も、石英を含む岩石が用いられている。

山裾から潜象エネルギーを集め、順次頂上にエネルギーを集約するという方式を、採っているのである。

一種の石英を用いた立体スパイラル宇宙エネルギー集約装置に相当する。

ストーンサークル

イギリスのストーンサークル（ストーンヘンジ）

　イギリスにあるストーンサークルのうち、ソールスベリーにある最も大きなストーンサークルをストーンヘンジと呼んでいる。

　このストーンヘンジは他のものとは、規模も構造自体も、全く違っている。昔は巨石のすぐ傍まで歩いて行けたが、崩落の危険でもあるのか、現在は柵で遮られて遠くから眺めることしかできない。

　ストーンヘンジがいつ頃建設されたかについては、有機物質年代測定法としてよく知られている放射性炭素測定法を用いて判断されている。

　ただし、この測定法では、炭素の放射性同位元素の量の測定が、7000年以上になると減少して測定不能になる。

　ここでは、ストーンヘンジにあるいくつかの穴（オーブリホール）から出た木炭のかけらが測定され、紀元前2000年プラスマイナス275年と出た。これから、約4000年前に建設されたという年代が示されている。

　このオーブリーホールより発見された木炭が、正しく建設年代を示しているのであろうか？

　ストーンヘンジに関するケイシー・リーディングは、未入手なので、ギゼのピラミッドとの比較はできないが、ストーンサークルそのものの技術も、アトランティス文明に由来すると考えると、ギゼのピラミッドの建設時期とは、約6000年程の開きがある。

　この開きは「どうして？」という違和感を覚えるのである。ピラミッドとストーンヘンジの建設時期はもっと近接している方が自然なのである。

　しかも、ここでも、ストーンヘンジに使用されている石材は、約400キロ離れているところから切り出されて、船や陸路で運ばれたと記述さ

27

第1部　海中に消えた旧大陸とその超古代文明

れている。(『ストーンヘンジの謎』GS ホーキング著　小泉源太郎訳
大陸書房)

　この話も納得しがたいことなのである。ギゼのピラミッドでは、石材
は鉄をも浮かす技術を用いて運ばれたと、ケイシー・リーディングでは
述べている。

　このアトランティス文明の技術をストーンヘンジの石材運搬や正確な
組み立てにも用いられたと考える方が、自然なのである。

　それは、ストーンサークルの周辺には、小振りではあるが、ピラミッ
ドと思われる山が存在する。

　ストーンヘンジからは少し離れているが、北方96キロのところに、
人工の山と思われるシルベリーヒルがあるし、日本では、大湯のストー
ンサークルの傍に黒又山がある。これも人工の山で、地下探査では、土
で覆われているが、その下には、階段状の石組みがあるという話である。

　このように、ピラミッドとストーンサークルとの間には、宇宙エネル
ギーの受け渡しが、行われていたものと思われる。

　現在は、これらのエネルギー装置が、完全な形で保存されていないの
で、どのような物理現象が発生していたのかに就いては、推測の域を出
ないままである。

　ストーンヘンジからシルベリーヒルへ行く途中に、超小型のストーン
ヘンジモデルの絵とおぼしきものがおいてある。

　ストーンヘンジを模したもので車上から撮影したものなので、詳細は
不明であるが、ストーンヘンジの紹介を意図したものかもしれない。

日本のストーンサークル

大湯のストーンサークル

　日本にもストーンサークルの遺跡は各地に散在するが、その最も大きなものは秋田県鹿角盆地にる大湯のストーンサークルである。

　このストーンサークルの詳細については、『十和田湖山幻想』（長池透著　今日の話題社）に述べたように、万座ストーンサークルと野中堂ストーンサークルから成っている。

　これは２重構造、３重構造のストーンサークルを構成している。この盆地は地盤の変動を何度も受けており、あるときは湖になったりしている。そのため、その構造はかなり損傷しており、建設当時の復元は無理であるが、ある程度は推測してその構造はこうであったろうと考え、構造の推定図を挙げておいた。同じ図形を後ろの方の石英棒によるテストの項に再掲しておいた。

　イギリスのストーンヘンジとはかなり違った構造であったことが推測された。

安心院のストーンサークル

　大分県の安心院には、京石など、いくつもの巨石遺跡があるが、その一つにペアになった小型のストーンサークルがある。

　小規模でシンプルな構造であるが、山肌に損傷を受けずに残っている。

　この他、岩手県にも、ストーンサークル遺跡と思われるものがあるが、その形を推測できる程のものは残っていない。

　現代の電磁気学では、トランスとか、モーターという考え方が、一般的に用いられており、電気・磁気・電気、あるいは、電気・磁気・力といったエネルギー変換を行っている。

　宇宙エネルギー（潜象エネルギー）の場合も、これと似たように、ピ

ラミッドとストーンサークルでも、この組み合わせと同じように、エネルギーの変換を行っていたのではなかろうかと、推測されるのである。

このように考えてゆくと、ギゼのピラミッドの場合も、砂に埋もれたストーンサークルが、近くに存在する可能性もある。

ストーンサークルやピラミッドによる潜象エネルギーの開発は、ある程度の規模が必要なこと、および、クリスタルを使った実験には、思わぬ力が発生する可能性があり、危険を伴う恐れもあるので、もう少し後に行う予定である。

このように、霊能者と呼ばれる人達が、失われた文明について、現代の文明とは全く違った文明が地球上に存在したことを語っている。

この文明は、現代科学では理解できないほどかけ離れたものであるが、これからの科学者は、失われた文明を解明することからはじめた方が良いと思える。

化石燃料文明や、原子力文明のみを追い続けてゆくと、地球は壊滅してしまう恐れが大きいのである。

研究するテーマとしては、ピラミッドとストーンサークルであるが、その基本となるのは、石英、あるいは、石英を含む岩石を利用したメカニズムである。

これらを用いて、宇宙に普遍的に存在しているエネルギーを引き出す仕組みを考えることである。

この石英を使って、潜象エネルギーを集約し、浮揚力や推力として用いたり、あるいは、電磁力を生み出していたのである。

その大規模な装置が、ピラミッドであり、ストーンサークルであったのである。

私の経験から言えば、霊山と呼ばれる山々や、強い気があると言われ

る霊域を持つ神社の境内に立って瞼を閉じると視える潜象光は、潜象エネルギーの一種である。

アトランティス文明についての記録を読むと、天然の石英ではなくて、人工的に作り出された大きな石英を、効率よく、潜象エネルギーを集約して、それを使用目的に応じて、分配していたものと思われる。

この生み出された浮揚力や、推力を用いれば、巨大なピラミッドの石材運搬や、積み上げなども、容易であったろう。

また、ストーンヘンジのように、巨石の組み立ても簡単にできたであろうことは、容易に推察できる。

何百キロも離れた所から、石材を切りだして、組み立てるところに運搬するのも、空中に浮揚させて移動させれば、地上を運搬するよりも、遙かに容易であったと考えられる。

特に、石英を含む岩石の場合は、運搬する岩石そのものに、石英が含まれていれば、もっと容易であったろう。

英国には、ストーンヘンジの他にも、ストーンサークルは、数百カ所、現存しているが、それらの遺跡に用いられている石材を調べてみると、巨石の中に多くの石英が、結晶のままで含まれているのが目視できる。

当時の文明は、これらのストーンサークルで、生み出したエネルギーを使って、成り立っていたのであろう。

アトランティス文明の継承
　　——超古代文明はなぜ、伝承されなかったのか？

アトランティス大陸が海中に没した後、アトランティス人は世界各地に逃れた。そして、アトランティス文明を引き継ぐものとして、ピラミッドや、ストーンサークルを構築したが、それには、アトランティスで用いられた潜象エネルギーの動力を利用した。

第1部　海中に消えた旧大陸とその超古代文明

　残念ながら、これらの遺跡に対して、その生み出された動力を、どのように利用して文明を築いたかは、全く判らない。ここのところで、アトランティス文明の継承は、途絶えてしまっている。そして、中世の産業革命で、新しい動力が開発されて、現代科学へと発達してきた。

　アトランティス文明などは、考古学者に委せっきりで、現代の科学者は、これについては一顧だにしていない。現代科学が最上のものであると考えているようである。

　巨石文明時代の科学を堀り起こせば、現代科学よりも遙かに優れた文明を築きあげることができよう。

　「温故知新」という言葉があるが、科学の世界にも通用する言葉である。

　今から百年ほど前から、新しいエネルギーを求めて、その開発ブームがわき起こった。「フリーエネルギー」と呼ばれている分野である。しかし、なかなかその成果は上がっていない。成功しようとすると、その芽を巨大企業が摘み取ってしまうからである。

　これは、エネルギー関連の企業にとって、既得権益を害するものとして、闇に葬るからである。

　冷静に考えれば、それらの企業は、例えば、石油や天然ガスと言った化石燃料が枯渇してしまうことを見越して、そのようなときの対応策として、今から新しいエネルギー源の開発に取り組んでおけば、10年先、20年先には、より繁栄することになると思う。

　しかし、残念なことに、目先の利益に惑わされているように見受けられる。

　非常に近い将来ですら、すでに始まっている電気自動車や、水素自動車の普及がより広範に拡がることが予想される。

　そのようなときになっても、なお、化石燃料などに頼っていては、企業そのものが危なくくなる。その前に新しいエネルギー源の開発に取り組んで置く方が、よいのではないかと思える。

32

また、宇宙エネルギーのように、地球温暖化防止にも役に立つエネルギーの方が、地球にとってもよりよいことなのである。
　考え方を切り替える時期に、さしかかっているのである。

　このように、アトランティス文明の名残であるストーン・サークルや、ピラミッドは、過去にあった文明の痕跡を残すのみで、それがどのように使われたかという具体的なハウツーについては、何も判っていない。
　ニコラ・テスラの発電装置、電気自動車は、現代科学では説明のつかないエネルギーで、作動したようである。
　また、ハチソン効果と呼ばれる、通常の科学では説明のつかない現象がある。これは、金属の浮上、変形、合体、破壊、消失とか、また、物体が壁を通り抜ける現象、物質の透明化など、いずれも現代科学では説明できないものばかりである。
　この他にも、サール効果と呼ばれる回転型円盤の浮揚現象もある。
　これらの研究者は、どこの国でも、研究の妨害を受けており、研究途中で、研究を中断せざるを得ない状況に追い込まれていた。

　ここでは、これらの一つひとつの説明を行おうというのではなくて、前著で述べた潜象エネルギー空間論をベースにして、新しい科学を創り出そうと考えているのである。
　現在行われているフリーエネルギーの研究では、なぜ、そのような現象が起こるかの、根本的なところが抜け落ちているように、見受けられる。
　カット・アンド・トライは、実験科学で不可欠ではあるが、なぜ、そのような現象が発生するのかという根本原理に基づかないと、なかなか進展しないのではないかと思える。
　私は、その根拠をアトランティス文明に求めているのである。
　潜象エネルギー空間の活用を研究することが、過去の文明で用いられ

33

第1部　海中に消えた旧大陸とその超古代文明

たエネルギー技術を復活させることにつながる研究であると考えている。

　このような考え方で、話を進めてゆく予定である。

第２部

万有引力（重力）と未解決の物理現象

現代のフリーエネルギー研究

　昭和の初期頃から、世界中でフリーエネルギーと称する宇宙エネルギーの研究が、盛んに行われていた。その中で、米国のニコラ・テスラの実験は、有名である。

　これは、テスラコイルと称する２重コイルを使って、宇宙エネルギーを取り出し、燃料のいらない電気自動車を開発したという。当時の超科学である。

　残念ながら、その詳細や、電気自動車そのものも、誰かの手によって消え失せてしまっている。

　フリーエネルギーに関する成果を得た実験装置は、多かれ少なかれ、似たような運命に遭っている。

テスラの実験とハチソン効果（ポルダーガイスト現象）

　ニコラ・テスラがテスラコイルを考案し、1893年シカゴ万博で公開実験を行っているが、この考え方は、色々な人に引き継がれてゆき、フリーエネルギー開発の中心になって現在に至っている。

　ハチソン効果やポルダーガイスト現象も、このテスラコイルを主体にした回路を作動させた際、発生した現象である。

　これを発見したハチソンも、テスラと同じく、外部からの妨害に遭っ

35

第2部　万有引力（重力）と未解決の物理現象

て、実験を中断している。

　また、ハチソンの実験では、周辺に電磁障害が発生して、かなりの迷惑をかけている。

　このようなことから、ハチソン効果の追求作業は注意して行わなければならない。きちんとした研究所ができるまでは、着手すべきではない。

　ハチソンが使用したコイルは、大小2個のテスラコイルの組み合わせであって、コイルの中心周波数は、約700KHZと約350KHZに設定されていた由である。また、コイル間隔は12フィートであったという。

　大湯のストーンサークルでも、環状列石の地下には、空洞共振器に対応するような穴が掘られている。（約1メートル前後）この穴から推定できる波長は、準マイクロ波である。また、その近くにある黒又山の地下には、約10メートルの空洞があるということが、地下探査の結果、判明している。これは、短波の領域の波長に相当する。

　これらを対比すると、共振周波数としては、これらの帯域にある自然エネルギーに共振する装置であろうと考えられる。

　また、大湯の場合は、万座ストーンサークルと、野中堂ストーンサークルとが、ペアになって、一つの装置として、作動していたのではないかとも、考えられる。

　ハチソン効果を検出したテスラコイルは、その中心周波数は、コイル設計を変更すれば、大湯のストーンサークルの共振周波数と同じ周波数に近づけることもできる。

　潜象エネルギーも、電磁波と同じく、振動していると考えられるので、ストーンサークルが潜象エネルギーを集める装置であると言うことができる。

　決して、祭祀などのために用いるのに、造られたのではないのである。

このような考え方を進めてゆくと、約1万年前に造られたストーンサークルと、ピラミッドは、テスラコイルによって、技術の中身は違うが、目的は、潜象エネルギーを集約して、動力として利用することになる。
　そして、アトランティス文明が、ツーオイ石と呼ばれるクリスタルによる自然エネルギーの活用であったことを考えると、テスラコイルのルーツは、アトランティス文明にあることになる。

　今、著者は、テスラコイルの変形を行い、その成果をみた上で、コイル主体の潜象エネルギー集約装置を考えたいと思っている。
　併せて、ツーオイ石にはほど遠いが、超小型の似たような装置にも、アプローチを試みたいと考えている。

消えた台風のエネルギー

　自然現象を現代物理の範囲から考察することから始める。
　図で高気圧（A）は右回りの渦であり、内部から空気を右回りに放散している。
　つまり、高気圧の中心部（この表現は正しくないかも知れないが）から、右回りに空気を吹き出していると、考えることができる。
　言ってみればダイバージェンス（発散）である。
　これに対して、低気圧（B）では、左回りの渦となっている。

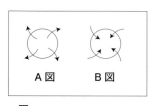

図1

　中心部の気圧が周辺よりも低くなる理由は何であろうか？
　現実には左回りに周辺から空気が流入するが、これは台風の目の場合、目の付近で消えてなくなる。
　この時、上昇気流が目またはその周辺に

第2部　万有引力（重力）と未解決の物理現象

発生している訳ではない。目のところは無風区域となる。そして、気圧は低くなる。

　左回りに流れ込んだ空気は一体どこへ消えてしまうのであろうか？

　現象としては誰でもよく知っている事であるが、その理由を研究している人は見かけない。また、空気は存在するが、どうして気圧は低くなるのであろうか？

台風の目のところの運動エネルギー保存則は？

　ではどのように考えればよいか？

　一般的に運動エネルギー（E）は次の式で表される。

　　　　$E = 1 / 2 \cdot mv^2$　（m：質量　v：速度）

これに対し、目の内部ではどうなっているかというと、風は無くなり、低い気圧の空気が存在するだけである。

　台風の外側の空気密度を ρ、目の内部の空気密度を ρ' とする。

　単位当たりの空気の質量を m とし、目の内部の空気の質量を m' とすると、

　　　　$m' = \rho' / \rho \cdot m$　で表される。

　エネルギー保存則が適用されるという条件下では、目の壁の手前では、運動エネルギー保存則が成立している。このエネルギーと同等のものが目の内部にも保存されていなければならないことになる。

　目の内部のエネルギーを E' とすればここでは空気の速度はゼロであるから、希薄になった空気量だけが存在していることになる。

　そしてこの空気の温度は外部と変わらないとすれば（目の内部の温度が外部よりも上昇していないとすれば）ここのところのエネルギー量は

　　　　$\rho' / \rho \times m$　ということになる。

　目の内部の気圧は外部よりも低いのであるから、$\rho' / \rho < 1$　である。

つまり、空気の総量は外部よりも小さいことになる。

　このことは、エネルギーの保存則から言って $1/2 \cdot mv^2$ よりも小さい値になる。

　E と E' が同じ値であるためには、 E = E' + α　というエネルギーを想定しなければならない。

　ということは、目の近傍まで流入した空気の運動エネルギーは、目のところで何かに変化しなければならないことになる。

　急激な温度上昇もなく、圧力は増加するのではなく、逆に低下しているというのが目の内部の状態である。

　となれば、この α というのは一体何であろうかと考えることになる。α というものを想定しなければ、運動エネルギー保存則は成立しないのである。

　このあるもの「α」は現在の物理学では考えられていない。

　また次に述べるように、エネルギーの消散ということで片づけられている。

　このエネルギーの消散については大いに疑問がある。それよりも、ここで潜象エネルギー空間の考え方を導入して、この α は潜象エネルギーとすると、エネルギー保存則は、目の内部では運動エネルギーの一部は、潜象エネルギーに変換され、目の近傍の空気流の持つ運動エネルギーは目の内部でも保存されることになる。

　そして、トルネードのように渦流の速度がさらに大きくなると、潜象エネルギーの回転場に法線力が発生して、上向きの力の場が発生することになる。

　このように、潜象エネルギーというコンセプトを導入することによって、この話はスムーズに繋がることになる。

　このあたりについて、流体力学の渦理論では、消散エネルギーということで、片付けられている。

第2部　万有引力（重力）と未解決の物理現象

　つまり、エネルギーの保存則は成立しないものとみなされているようである。考え方の違いなので、これでもよいのかも知れないが、これまで一般的に運動エネルギー保存則として適用してきた法則なので、単に、消散といって終わりにするのではなくて、何らかの変換がなされてこの法則は成立すると考える方がずっとスマートではないかと思える。

　そしてこの考え方は、次に述べるような重大な事柄に発展してゆくことになる。

　この空気の回転流は、潜象流を引き起こすのではないかと考えられる。その潜象流によって法線力が発生すると考えてみる。

　この潜象回転が時計方向（CW：Clockwize）方向であれば重力場と称している潜象エネルギー界の回転場に垂直な方向に力場が発生する。これが一般的には重力場と呼ばれている力の場である。

　この時の回転方向は CW 方向である。

　一方、台風やトルネードの場合は、この回転方向が反時計方向（CCW：Counterclockwize）であるので、ここでは重力の発生方向とは逆の反重力場が発生することになる。

　この考え方の前提は北半球での話である。南半球では、台風に相当するような熱帯性低気圧は CW 回転をする。このことは北半球に立つ人と、南半球に立つ人では、上下が逆になるのと同じように考えるとよい。

　しかし、この地球全体を外から眺めると、地球を包んでいる潜象エネルギーは、CW 方向のエネルギー流が回転しながら流入していることになる。

　つまり、潜象エネルギーは右回りの渦を巻きながら、地球に収斂しているのである。するとそこには、渦の中心に向かって垂直力が発生しているのである。

　このような垂直力が発生している空間では、そこに存在するすべての

40

物体は、その力を受けることになる。

　その力の場は重力の場なのである。潜象エネルギーが回転して収斂するときに発生しているのが重力の場なのである。

　この考え方は潜象エネルギーの存在を認識しない限り、生まれてこない。宇宙空間が真空であればこの力の場は発生しないのである。

　この考え方の違いというのは、現象的には数値が同じで変わらないのであれば、どちらでもよいのではないかと思われるかも知れない。

　しかし、そうではなくて、大きな違いがあるのである。

　基本的に力がどのようにして発生するかの違いは、物理の世界を大きく一変させるのである。場そのものに力の基が存在していると考えるのと、複数の物体が存在するとそこに力が発生するとという考え方の違いが、ものの考え方を一変させるのである。

　場そのものに潜在的な力場があると考えると、それは一体何か？なぜそのような場が存在するのだろうか？といった疑問が湧いてくる。

　すると、今までは考えていなかった別の空間が存在するのではないか？　という風に考えて、潜象エネルギー空間という概念にたどり着く。また、そのような空間の持つエネルギーの活用は可能か？等と、新しい物理の世界が開けてくるのである。

　なお、このように考え方が変わっても、重力の加速度や、万有引力常数そのものは、現在の値のままである。考え方が変わるのは、２物体間に働く力の解釈の仕方が変わるだけである。つまり、２物体間に働く力の加速度というのではなくて、その場に存在している潜象エネルギーが保持している力の場に、物体が存在しているということなのである。

　この力の場に存在している物体に、それが作用しているだけのことなのである。宇宙空間にこのような潜象エネルギーが存在するという認識が、これまでの科学にはなかったこと、表面的な現象にとらわれすぎて

第2部　万有引力（重力）と未解決の物理現象

判断していたために、重力の本質を誤認していたことになる。

　宇宙空間には、潜象エネルギーが充ち満ちていることを理解し、それが回転することによって諸般の力が発生すると理解すれば、話は簡単になる。

　潜象エネルギーの持つ力の場に、物体が存在しているのを、あたかも2物体間に力が発生したと思い込んだために、このような重力の解釈になったのである。

　さらにその理由の元に遡れば、宇宙空間は真空であると間違って信じたのが、そもそもの始まりなのである。

　空気がCCWの回転をして中心部に近づくと、速度（風速）が増加する。回転半径が小さくなるので当然角速度が大きくなる。

　台風の中心部に近い程、猛烈な風が吹くのはそのためである。かつ、そのとき、気圧は非常に低い状態になる。

　台風よりも大きな回転速度を持つトルネードの場合、その中心部には法線力と呼ぶ鉛直力が発生する。

　ところで、なぜ、台風の目は発生するのであろうか？

　台風は外周部から中心部に近づくにつれて、速度が増加すると同時に、気圧は段々低くなってゆく。空気の粒子密度が小さくなってゆくと考えてもよい。回転に伴って、空気量はどんどん流入してゆくはずなのに、どうしてこのように気圧は低くなるのであろうか？

　言い換えると、空気の流入が増えるのだから、空気は圧縮されて気圧は逆に高くなるのが自然であろう。しかし現実には気圧は段々低くなってゆく。

　一見、風速が大きくなるので、空気密度は低くなるという説明になりそうである。この論理を進めてゆくと、なぜ、目のところで急に風がなくなるという現象に結びつかなくなる。

　このように考えるのではなくて、この回転場では空気粒子（顕象エネ

42

ルギー）が潜象エネルギーに転化すると考えるのがよさそうである。

　顕象エネルギーから潜象エネルギーに転化してしまうために、空気粒子（顕象物質）が少なくなり、このような現象が発生すると考えると、論理的におかしくない。

　トルネードの場合は、台風よりもさらに回転する空気の速度が大きくなるので、渦流の中心部に発生する垂直力は、大きな法線力となるものとみられる。

　このような法線力は、顕象エネルギーではなくて、潜象エネルギーであると考え方を変えれば、理解しやすいのである。

　このような考え方をしてゆけば、潜象エネルギーを顕象エネルギーに転化するにはどうすればよいかも、自然に判ってくることになる。転換の手がかりが見つかることに繋がるのである。

　台風の目のところが一つの境界線となっている。いわば、顕象界のバリアーとなっている。この境界から内側へは台風の風は入り込めないのである。

　似たような現象が一つある。

　それは、航空機が超高速で飛行するとき、航空機の翼面に発生する衝撃波である。亜音速から超音速領域へ突入する少し手前で、この衝撃波は発生する。これは超高速で飛行するとき、翼面で圧縮された空気の流れが集積されたために発生するのである。

　ただし、この場合は回転場ではなくて、単なる空気の圧縮であるので、潜象エネルギー場とは関係がない。ただし、この状態で機体が突っ込むと周囲の状態は変化してゆき、空気流が翼上面と下面では亜音速時とは逆になり、それが操舵に影響してくるのではないかと考えられる。

　この境界のバリアーを通過するときは、大きな衝撃音が発生し、超音速の領域に入るとこの衝撃波は機体の後方になるが、衝撃音は残ってお

第2部　万有引力（重力）と未解決の物理現象

り、航空機が見えた後、音が聞こえてくるという現象が起きる。

　また、同じ空気の中を飛行しているのに、亜音速領域と超音速領域とでは操舵が全く逆になるというような現象が起こる。亜音速域では上昇するとき、操縦桿を手前に引くが、超音速域では逆に操縦桿を押し下げないと上昇することはできない。亜音速領域と同じ操作をすると、航空機は墜落するのである。このため、超音速機が開発された頃には、この理由や操舵が判らなくて、何機も墜落している。この現象には、高速空気流に伴って潜象流の発生があるものとみられるが、今のところ、そのメカニズムは不明である。

　同じ空気の中を飛行しているのに、発生する現象は全く逆なのである。

　音速は常温では340m/s位であるが、台風の場合は、風速40m/s位で、目が発生するので、音速壁の1/8～1/9位のところにある。このように、音速よりはかなり低い速度のところで台風の目は発生する。

　この目の境界線は風速が大きくなるにつれて、広がってゆき、目の領域は広くなり、かつ、気圧がどんどん低下してゆく。

　風速の増加と気圧の低下との相関関係は、定かではない。気象学的には、台風中心部の気圧が低下するので、目は大きくなり、風速が増大するという風に考えられているようである。しかしそれは本当の原因と結果なのであろうか？

　筆者はその逆ではないかと考えている。風速が増大すると流入する空気の量も増大する。風速が増大するには、回転速度（角速度）が大きくなければならない。このようなことから、風速が大きくなればなるほど、遠心力の関係から、中心円は段々と広がっていかざるをえなくなる。

　台風の場合は、中心円（目）の径が大きくなればこの壁は破壊されない。巨大台風になればなるほど、台風の目は大きくなる理由はこういうことであろう。

　同時に、中心気圧は段々低くなるが、上昇気流は発生しない。

　さて、猛烈な速度で回転しながら流入した空気は、一体どうなったの

44

であろうか？

　遙か昔になるが、青函連絡船洞爺丸が沈没したときの大型台風ではかなり大きな目ができていて、広い無風区域ができていたようである。当時は気象情報も万全ではなくて、船長は台風が通過したのではないかと考え、船を進めたために、再度暴風に突入して、沈没したのではないかとも言われている。

　このように、台風の目のところは、無風地帯となり、かつ、気圧も低くなっている。

　では台風に流れ込んだ空気は、どうなったのであろうか？

　これについては、気象学では何も教えてくれていない。ただ単に、こういう状態であるという事に留まっている。

　考え方は前に述べたようなことが判りやすいと思える。

　流入した空気は別のものに変化したのではないかと言うことである。現代物理学ではエネルギー保存則というのがあって、一つの状態から別の状態に変化しても、トータルのエネルギーは同じであるということになっている。しかし、この台風の目の付近での状態を見てみると、このエネルギーの保存則には当てはまらない。

　台風の中心に向かって吹き込んだ空気の持つ運動エネルギーは、かなり大きなものである。台風の目が確認できる大きさとして、ここでは仮に中心付近の風速を 50m/s としよう。

　この時、目のところの気圧が 935 ヘクトパスカルであったとする。

　台風の外側の気圧が 1010 ヘクトパスカルぐらいとすると、その差は 65 ヘクトパスカルになる。これぐらいの気圧差になると目が発生する。（2014 年 10 月に発生した台風の場合）

　言い換えると、目（中心部）ではかなり薄い空気層になっているのである。

　風速 50m/s の風の持つ運動エネルギーは一体どうなったのであろうか？　忽然と消えてしまったことになる。中心部の気圧が低いというこ

第2部　万有引力（重力）と未解決の物理現象

とは、空気の量が少ないと言うことなのである。しかも、中心部へ向かって猛烈な風は、絶えず吹き込んでくるにもかかわらず、中心部の気圧は高くなるのではなくて、低いままであり、上昇気流もなくて穏やかな状態のままである。そして気圧はさらに低くなる方向へ進んでゆく。

これは一体どういうことなのであろうか？

これだけみれば、エネルギーの保存則は大きく破れていることになる。

当然のことであるが、変換された潜象エネルギーの運動エネルギーは、顕象エネルギーの量と同じ（等価）であると考えられる。これは台風の目の境界線（目の壁）のところで顕象エネルギーから潜象エネルギーに転化したと考えることになる。

流体力学の渦理論によれば、渦流が発生すると、この渦流面に垂直な方向に力の場が発生する。これを法線力と呼んでいる。この法線力であるが、渦流によって発生したものであるので、当然物理学上は顕象エネルギーと考えられている。しかし、前述の台風のところに発生する現象のことを考えると、これはどうも、顕象エネルギーではなくて、潜象エネルギーであると考えた方がよいのではないか。

ただ残念なことに、渦理論では、ここのところで止まっていて、この法線力が発生することは示されているが、その大きさを示す数値等については述べられていない。

台風よりももっと大きな速度を持つ渦（ここで言うのは空気流の回転速度のことである）に、トルネードがある。

このトルネードでは、中心付近の風速は、80 〜 90m/s（あるいはそれ以上）というように台風よりもさらに巨大なものである。これ位の風速になるとその中心部には、大きな上向きの垂直力が発生して、家屋とか自動車などは軽々と持ち上げられてしまう。実際に、アメリカではトルネードに巻き込まれた家屋が持ち上げられて、数百メートル移動したことが報告されている。しかも移動した家屋はほとんど損傷を受けてい

なかった。一般的には、トルネードに襲われた家屋は強烈な風によって全壊するのが通例である。しかし、トルネードの中心部にすっぽりと覆われて浮かび上がった家屋は、そのまま移動して、トルネードが消えたので、地上に落とされたものなのであろう。

この上向きの力（垂直力）は、渦流によって発生した法線力と考えられる。顕象エネルギーから潜象エネルギーへの変換である。このように考えると、顕象界の回転場は潜象界への転換の場であると考えることができる。

潜象エネルギー場の回転の違いについて

回転場には２種類の回転がある。一つは時計回り（CW方向）、もう一つは反時計回り（CCW方向）である。

前著でも述べたが、宇宙天体の動きは時計回りの回転運動をしている。顕象天体の動きが時計回りであるのは、その背後にある潜象エネルギー空間の回転が時計回りの回転をしていることを意味している。

そして、その回転場には重力が発生している。

潜象エネルギーの回転場には、流体力学の渦理論で言う法線力（回転面に垂直な方向に発生する力）が発生する。

これを地球上でみれば重力の場となる。

地球に流入する潜象エネルギーの回転場は時計回り（右回転）の渦であり、それに伴って法線力が発生しているのである。この法線力の発生している圏内に存在するすべての顕象物体には、この力が作用している。

つまり、この重力とは、潜象エネルギー空間の回転場に生じている力なのである。

このことは極めて重要な事柄である。

では、反時計回りの回転場には、どのような力の場が発生するかと言

47

えば、当然ながら反重力（浮揚力）が発生することになる。

　このことについては後に出てくるケイシー・リーディングが傍証になっているし、これはまた、アトランティス文明で用いられた科学の原理を示していることになる。

　アトランティス人はこのことをよく知っていたのである。残念ながら、現代の科学者たちは未だにそれを理解できないでいる。

　前にも述べたように、宇宙は真空であるという誤った概念から未だに抜け出すことができないでいる。

　この原理を用いれば、浮揚力（反重力場）は比較的容易に実現できるのである。

　現代人が言うところの３次元世界、つまり顕象エネルギー世界と共存して、潜象エネルギー場が常に存在していること、そしてその場に発生している重力とか引力という力の場は、その結果であると言うことを理解すれば、これまでとは違った科学へと移行することになる。それも極めて近い将来であろう。

　ここで、万有引力とは一体何であるかについて、これまでの定説とは違った説明をする。

万有引力・重力というのは本当に２物体間に働く力なのか？
──新しい重力理論

　前著で万有引力（重力）はなぜ発生するかについて説明したが、補足説明をした方がよいと考えたので、その続きを述べる。

　そこでは、アインシュタインが時間軸（CT 軸）を三次元空間に加えて、４次元空間という概念を提唱したが、この意味合いは本来の次元とは異なっている。

確かに CT 軸は光速×時間であるから長さの単位には違いないのであるが、ここで言う次元とは立体空間を意味するものなので、意味合いが異なるのである。時間軸というのは単に空間の移動になるので、空間に対応するものではない。

　本来の多次元空間というのは、本書で述べるように全く異なる潜象エネルギー空間が3次元の顕象空間と重複して存在することなのである。

　例えば、太陽系潜象空間、惑星系潜象空間などが重複して存在することをいうのである。

　そういう意味で、潜象多重空間と呼んでいるのである。これらの基になるのはそれぞれの空間に渦を巻いて流入する潜象エネルギーなのである。従って、アインシュタインの四次元軸（CT軸）とは意味合いが異なるのである。

　そして、それぞれの空間に重力場を形成しているのである。

　宇宙空間にあるダークマターというのも、潜象空間の意味を理解すれば、ダークマターとか、ダークエネルギーという言葉を使わないで済むのである。

　ニュートンによって発見されたというこの万有引力というのは、随分長い間信じられてきた。それに基づいて計測されたデーターによって、地球の上空には多くのサテライトが浮かんでいるし、月や小惑星にまで観測用の小型宇宙航行機器が送られている。

　だから、万有引力の法則というのは、正しい法則であると信じられている。

　ところで、この万有引力の法則というのは、一体何なのであろうか？

　複数個の物体があれば、その間には万有引力が発生するという考え方なのであるが、なぜそのような力の場が発生するかという問には、何も回答を与えてくれていない。

第2部　万有引力（重力）と未解決の物理現象

　ただ単に、現象的にそのような力の場が計測されていると言うことだけで、どうして力の場が発生するかについての説明は何もないのである。

　でも確実に引力についての計測はなされ、それに基づいて色々なものが発明されている。

　よく考えてみると、理由なき力の場の発生というのは誠に不思議な話である。

　磁気でも電気でも、力の場は発生するし、なぜ力の場が発生するかについての理由はちゃんと説明ができている。万有引力の場だけが説明のできない力の場なのである。

　この万有引力の法則というは、惑星が太陽の回りを回るのも、地上の物体が落ちるのも、すべて引力が作用するからであると言うことは、物理学者でなくてもごく一般の常識となっている。

　この引力の大きさ F は、2つの物体の質量　M、m の積に比例し、2つの物体の距離 r^2 に反比例することが判っている。

　そして共通の定数を G とすると、次式で示されるというものである。

$$F = G \cdot M \cdot m / r^2$$

このGが万有引力定数と呼ばれている。

　ところで、この万有引力というのは、随分長い間信じられてきた。それに基づいて計測されたデータによって地球の上空には多くのサテライトが浮かんでいるし、月や小惑星にまで観測用の小型宇宙航行機器が送られている。

　だから、万有引力の法則というのは、正しい法則であると信じられている。

複数個の物体があれば、その間には万有引力が発生するという考え方なのであるが、なぜそのような力の場が発生するかという問いには、何も回答を与えてくれてはいない。

　単に現象的にそのような場が計測されていると言うことだけで、その問いに対しての答えはないのである。

　このことについては、ニュートンも悩んだであろうが、その理由についての説明はできなかったようである。

　元々、ニュートンが引力を発見したのは、リンゴが木の枝から地上に落下するのを見て、これがヒントになったというのは有名な話である。

　ニュートンが目指したのは、月が地球のまわりを回っているというのに、なぜ地上に落下しないのか、同じように、惑星が太陽のまわりを回っているのになぜ、太陽に落下しないのか等の天体の運動を解析する手段でもあったようである。

　この万有引力定数Gは、ニュートンから約100年後になって、キャベンディシュによって、ほぼ正確な数値が発見された。

　これから、ニュートンが発見した万有引力の法則というのは、本当に正しいものであったかということを考えてみたい。

　前に述べたように、数値としては万有引力の法則によって計測された数値は間違っていなかったことから、正しい法則であることは、惑星の動きや、サテライトなどが計算通りに運動をしていることから、実証されている。

　しかし、２つの物体が存在すればそこには自然発生的に引力が発生するというのは、理屈に合わないのではないかと思うのである。

　理由もなしに２つの物体が存在すれば引力が発生するというのが不自

51

第2部　万有引力（重力）と未解決の物理現象

然なのである。

　ニュートンの力学で、加えられたエネルギーが何もないのに、ここだけ力の場が発生するというのが不自然なのである。このような例は他にはない。

　なぜ、万有引力だけが、エネルギーが与えられていないのに、力の場が発生するかというのが不自然なのである。

　万有引力定数の測定は、キャベンディシュが捩り秤をもちいて測定し、その後多少の数値の修正はなされているが、引力がなぜ発生するかについては未だにその答えはないのである。

　これからこの力の要因を探すことになる。それは、これまで述べてきた潜象エネルギー空間が存在しているからであるということが前提となる。

　潜象エネルギー空間があると、なぜ万有引力が発生するかについて、これから説明することにする。

　これまで、台風やトルネードの例や、流体力学の渦理論についての説明をしたように、潜象エネルギー空間というのは、色々な力の発生要因になっている。

　宇宙空間は真空ではなくて潜象エネルギー空間というエネルギー空間であるという考え方である。この空間は、巨大な渦流の場であり、この巨大な渦流によって何が引き出されるかというと、渦流の場には法線力という力が渦面に対して垂直な方向に発生するのである。

　この空間には今まで科学者が想定したことのないような巨大な渦流が存在しているのである。場に渦流があればその球面に垂直な方向に法線力という力の場が発生する。

52

このことは流体力学の渦理論の中にきちんと示されている理論である。

　この渦流によって発生する法線力が万有引力の源なのである。

　これまで物理学には潜象エネルギー空間という考え方はまったく存在していなかったから、宇宙空間には、巨大な渦場が幾重にも存在していて、そこには法線力が発生しているという認識は全くなかった。

　だから、万有引力がどうして発生するのかそのわけが判らなかったのである。巨大な渦場が存在し、そこには法線力が発生していることに気がつかなかったのである。

　この法線力は場に発生している力なのであるから、そこに物体が存在しているかどうかとは本来無関係な力なのである。

　言ってみれば潜在的な力の場である。もしその場に物体があれば、すべからくこの法線力によって影響を受けることになる。

　それをあたかも、物体がただ単に存在すれば力の場が発生すると誤認していたのである。

　この力の場を、複数個の物体があればその間に万有引力が発生すると思い込んだのである。

　だから力の量の測定はできても、なぜ万有引力が発生するかの説明がつかなかったのである。

　理由なしに、力の場が発生することはないのである。

　元を正せば、宇宙は真空であると信じたためにこのような間違いが生じたのである。

　宇宙は真空ではなくて、潜象エネルギーが存在しており、それが巨大な渦流となっているので、自然に法線力が発生していると考えると、万有引力の基は何かを理解できるのである。このように考えてゆくと、万有引力というのは潜象エネルギー空間に発生した渦によって惹き起こされた力の場であるということになる。

　前著で述べたように、この潜象エネルギー空間では、そこに存在する

53

第2部　万有引力（重力）と未解決の物理現象

物体に対して潜象エネルギーが流入すのである。

　この潜象エネルギー場に発生する万有引力と重力というのは同じことなのである。

　重力というのは、球体の一方を地球（あるいは他の天体）としたとき、そこに落下する物体がある場合、地球の引力によって引き寄せられたときに用いる表現である。

　この重力は地球表面に対して垂直な力の場である。これは地球表面の接線に対して、垂直方向に発生する力の場である。

　また月のように自転していない天体においても、その天体の質量に応じて、重力が発生している。

　数値は地球よりも小さいが、月の表面にも重力場が発生している。

　このようなことから、重力とは天体（顕象天体）を包む潜象界からその天体に降り注ぐ潜象エネルギーの回転場に発生する力である。この降り注ぐエネルギーの量は、潜象界から潜象天体の表面に鉛直に流入するエネルギーである

　詳しくは、前著『潜象エネルギー空間論』p141（「第2部　万有引力（重力）は何故発生するのか？」）を参照頂きたい。

　また重力の大きさ、およびなぜ2物体間の距離の二乗に逆比例するかについても、前著で述べたが、多少追加して説明すれば次のように考えられる。

　図面で判るように、例えば、下図においてCの領域では、Aの潜象エネルギーとBの潜象エネルギーが、重なり合っている。この領域ではBの潜象エネルギーは、Aの潜象エネルギーによってAの方へ引き

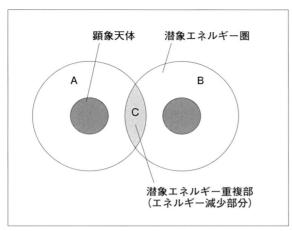

図2 万有引力（重力）発生説明図

寄せられる。一方、同じように考えると、Aの潜象エネルギーは、Bの潜象エネルギーによってBの潜象エネルギー核の方へ引き寄せられる力を受ける。

このAとBの潜象エネルギーは、方向が逆方向なので相殺されることになる。つまり、この領域では、A、Bそれぞれの潜象エネルギー領域よりも引き寄せる力が弱まることになる。このような状態であれば、Cの領域内のエネルギーの場はA、Bの他の領域よりも引き寄せる力が弱まることになる。その結果、A、B領域からの力に押されることになり、Aの顕象核とBの顕象核とは近寄ることになる。

これが万有引力が発生する理由であると言うことができる。言ってみれば、それぞれの潜象圏が持つ潜象エネルギーの相互干渉にによる現象であると言える。

現象的にはA、B両者が万有引力によって引き合っているように見えるが、実はそうではなくて、A、Bそれぞれの潜象エネルギーによってCの領域の力の場が小さくなり、外から押されて、近寄った状態なのである。

第2部　万有引力（重力）と未解決の物理現象

　見かけ上は、引っ張り合って近寄っても、外から押されて近寄っても同じように見える。

　ところで、流体力学の中に、クエットフローという現象がある。これは一様な流体の中に半径が異なる円柱を置いてみると、流れに変化が起きる。2つの円柱の間の流れが、外側の流れよりも速くなる。その結果どういうことが起きるかというと、円柱の間隔が狭くなるのである。これによって内側の流れの速さが外側の流れと比べると、異なってくる。レイノルズ数が低いときには、2つの円柱の間には斥力が働き、レイノルズ数が高いときには、引力が働くことが判っている。

　その例としては、レイノルズ数が大きいとき、大きな船の傍を航行する小型船はこの流れの変化によって、大型船に引き寄せられて、衝突するという現象が起こる。いくら舵を外側に切っても、この力には抗し得ないというのである。この流れのことをクエットフローという。この条件の数値的な説明は、リニアモーターの垂直力のところに述べてある。

　一様な潜象エネルギー流の中にあって、大小2つの球の間には、このようなクエットフロー現象が発生すると考えられる。

　潜象エネルギーの回転場に発生する法線力の中に存在する物質（顕象物質）の間に引力が働くのは、クエットフロー的な力が働くからである。

　前著で述べた2つの天体の間に発生する潜象エネルギーの相互干渉によって、両者の中間部のエネルギーが小さくなるから、外側から押される現象は、クエットフロー現象と考えてもよいようである。

　このことについての証拠と言えるものをいくつか挙げてみる。

　1つはエドガー・ケイシーのリーディングであり、次には独楽（ジャイロ）の回転である。ジャイロの回転が右回転と左回転とでは、その重量が変化するという報告がある。

　さらには台風やトルネードの左回転場には、揚力（反重力）が発生するという観測がある。

56

これらのことについて説明すると、次のようなことになる。

　まず、ケイシー・リーディングの中に、「重力とは何か、活動なしで力に変えられんばかりになっている波動力の収斂である」（ケイシー・リーディング　195-54）である。

　ケイシー・リーディング追補として『大アトランティス大陸』（エドガー・エバンス・ケイシー著）の中に、「ツーオイ石の謎」（J・H・サットン）が収録されている。

　その中に、このケイシー・リーディングがある。それには、上記のように示されている。

　このことは極めて重要な事柄である。ケイシー・リーディングで言っているアトランティスの科学では、万有引力・重力というのは、物体両者間に働く力という意味合いは全く存在しないのである。

　筆者はこの本を何度も読み直してはいたのであるが、この文言が具体的に何を意味しているかについて、何も思いつかなかった。

　最近になって潜象エネルギー空間についてのコンセプトをまとめていて、やっと、この文言の意味するものが何であるかについて思い当たったのである。潜象エネルギー空間のことを考えていなかったらまた見過ごしていたことであろう。

　このことから、現代科学が重力と考えている力は、言ってみれば力の正体を見誤ったことになる。

　このリーディングとは別の話であるが、流体の回転場について、渦理論では消散エネルギーということで中断している。消散エネルギーがその後どうなるかについては言及していない。消えてしまったものなので、これ以上の追求はしないということなのであろう。

　筆者が注目しているのは、この消散エネルギーの行方なのである。こ

57

第2部　万有引力（重力）と未解決の物理現象

のことについて、ケイシー・リーディングは示唆を与えてくれている。（195-54）にあるように、重力というのは、2つの分散した質量間に働くニュートンの万有引力とか重力法則ではなくて、「波動力の収斂」つまり、回転しながら流入した潜象エネルギーによって発生した力であるというのが正しい表現であるということになる。このことは、数値的には物理学上計測されている万有引力定数や、重力加速度と異なるものではないことを再度附言する。

　このことについて、もう少し説明を加えることにする。
　ニュートン力学は古典力学として随分長い間、世界中の人に信じられてきたし、その力学体系もしっかりとしている。
　しかし、潜象エネルギー空間という概念がなかった時代のこのニュートンの法則というのは、違っていることになる。
　潜象エネルギー空間という概念を導入すると、2物体間に働く力というのではなくて、その場に流入している潜象エネルギー自体によって既に発生している力の場ということになる。物体がこのエネルギー空間に存在すると、その空間が持っている力の場が顕在化するというように考えればよい。
　この力の場というのは、その場に発生しているものなので、そこに存在しているすべての物体はその影響を受けるのである。
　つまり、場が持っている力なのである。それをあたかもその場に物体があれば、その物体に力が発生したと勘違いしたのである。
　長い間信じられてきたニュートンの万有引力の法則というのは、新しい空間の概念によって、書き換えられることになる。

ジャイロ（独楽）の不思議

　このことに関連した次のような参考文献があった。

　『未知のエネルギーフィールド』（多湖敬彦訳・編世論時報社）の中に次のような話が記載されている。

　「1989 年に、西欧と日本で起こった 2 つの事件がある。一つは元素の融合が試験管の中でできたという発表であり、今一つはコマ（ジャイロ）の重さが、右回転と左回転で異なるという発表であった。

　ジャイロの方は、日本よりもむしろ海外で強く衝撃を与えたと、記述してある。残念ながらその結果がどうであったかまでは書かれていない。当時その理由は不明のままであったのであろう」

　この原因究明についての説明は何も示されていない。

　現在、私は重力や万有引力の原因究明を行っており、その発生原因の元は潜象エネルギー空間が存在することにあることを、前著『潜象エネルギー空間論』の中で述べた。

　ここで挙げたように、ジャイロの右回転と左回転で重さが異なるという実験が 25 年も前に行われていたということは注目に値すると思うので、ここに追加しておく。

　この話は、潜象エネルギー空間の性質の一つとして有力な報告である。

　一昔前までは、子供たち、主として男の子の遊びの一つに、独楽回しがあった。今の子供たちはスマホとかインターネットで遊んでおり、独楽遊びは廃れてしまった。

　この独楽は、回転しているときは、回転軸が回転面に対して垂直になっている。

　同じ原理のジャイロスコープも、回転軸は回転面に対して垂直である。垂直力が発生しているのである。通常、宇宙空間に対して、ジャイロの

59

第2部　万有引力（重力）と未解決の物理現象

自立する性質と呼んでいる。

　航空機では、このジャイロスコープの性質を利用して、位置検出に利用していた。今はサテライトからの信号を受信して位置検出も、飛行ルートの設定も行っているが、一時代前までは、ジャイロスコープは航法の基準を出すのに、重要な役割を担っていた。

　同じやり方が普遍化して、今では自動車にもナビ（ナビゲーションの略）が取り付けられている。便利な時代になったものである。

　このジャイロ（ジャイロスコープ）が回転すると、回転軸が垂直に自立するという性質は一体どういう仕組みなのであろうか？

　物理学上はこのような性質があるということで片付けられている。

　このことについて、潜象エネルギー空間の考え方を導入してみると、次のようなことになる。

　物体が回転していると、それに伴ってそこには潜象エネルギーの回転場が発生してくる。すると、回転軸に対して潜象エネルギーの流入が起こる。

　これは、地球などの天体の回転と同じである。

　この時、左回りのジャイロと右回りのジャイロとではエネルギーの流入が逆になるので、回転軸に発生する垂直力に影響を与えることになる。

　右回りの回転であれば重力の発生方向と同じであるが、左回りの場合は、反重力方向の力の場が発生することになる。それでも回転軸は同じであるが、発生する力の場の方向は逆向きになる。

　このように潜象エネルギーの回転場という考え方をすれば、これまでの物理学とは違った考え方が出てくるのである。

　重力とは何か？のところに述べたように、右回転（CW）のジャイロと左回転（CCW）のジャイロでは重量が異なることが日本で発見されたことを述べたが、これは潜象エネルギーの回転場に発生した垂直力に起因しているのであるが、現代の物理学では、潜象エネルギー場の認識

60

がないため、その理由が何であるかを理解していない。

残念なことである。

ところで、これとは別の次元の話であるが、消えた台風のエネルギーのところで述べたように、台風や、トルネードの中心部付近になると、ここへ高速で流入した空気（風）のエネルギーが突如として消滅してしまう現象がある。

この現象は前にも述べたように、流体力学の渦理論でも、未だに解明されていない事柄である。

回転して流入した空気は、いわゆる「目の壁」のところで消滅するのではなくて、別のエネルギーに転化したと考えるのがよいのである。このように考えると、運動エネルギーの保存則も生きてくる。

それは、顕象エネルギーから潜象エネルギーへの転化であり、その結果、その場所には法線力と呼ばれる垂直力が発生するということになる。

台風やトルネードの中心部に回転しながら流入した運動エネルギーが潜象エネルギーに転化して、そこに力の場が発生したと考えるのである。

ケイシー・リーディングにある言葉を準用すれば、「ここに発生した力というのは波動力（回転力）が重力とは正反対の反重力（浮揚力）として収斂した結果である」と、言えるのではないかと考える。

このトルネードの仕組みに似た超古代遺跡がある。それは、九州地方や山口県にある神護石遺跡である。この遺跡のことについては前に述べたが、この神護石の石組みは、円錐形をした山肌に多くの石を螺旋状に配置してある。

通常のピラミッドは、岩石を積み上げて４角錐を構成しているが、神護石では、山肌に螺旋状に石を配置してある。こうすることによって、山裾から螺旋状に配置された石が潜象エネルギーを集めて、頂上付近では極めてエネルギーレベルが高い状態を保つように、工夫されたもので

61

第2部　万有引力（重力）と未解決の物理現象

あろうと考えられるのである。

　潜象エネルギーが螺旋状に巻き上がってくるように、考えられているのである。

リニアモーターに発生する垂直力とは何か？

　大分昔になるが、リニアモーター・カーの開発の際、技術企画部門として参画していた時期があった。その当時、疑問に思っていたことがあった。それは片側式誘導型常電導吸引式磁気浮上リニアモーター・カーに使用するリニアモーターに発生する垂直力のことである。モーターの原理はフレーミングの法則による回転力（ここでは推力）が発生するのであるが、これとは別にもう一つ力が発生するのである。それが垂直力なのである。

　この力は推力とは90度違った方向に発生するのである。

　この問題を解決するためには、両側式にして、アルミ誘導板を両側から二つのコイルで挟み込むようにすれば、垂直力の影響は無くなるのであるが、これはこれで軌道に設置した誘導板が振動して大きな音を発するなど別の問題が発生するので、必ずしもよい方法では無い。これを最初採用した西ドイツ（現ドイツ）ではすぐにこの方式を止めてしまった。

　片側式にすれば、吸引力の影響を最小限にとどめる工夫をすれば、システムとして成立するのである。

　発生理由は不明のままであるが、実際にこの力が発生するのである。発生した垂直力の解析はできており、その対応はできているのであるが、なぜ発生するかは判っていない。

　吸引式磁気浮上のリニアモーター・カーにとっては、厄介な力の発生なのである。なぜかというと、推力が最大になる付近で、この垂直力（吸

引力）も最大になるからである。吸引力が発生すると、車体重量が増えるのと同じなので、これは車体を浮かして走るシステム構成上、極めて厄介な力なのである。

　フレミングの法則からは、垂直力は発生しないことになっているにもかかわらず、実際にはこの力が発生するのである。

　つまり電磁気学上は説明できない力なのである。この発生理由は未だに解明できていない。

　最近になって、筆者は潜象エネルギーが関与しているのではないかと考えているが、その答えはやはり、潜象エネルギーにあった。このことについては後ほど述べる。

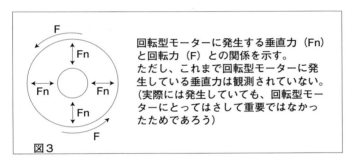

　このリニアモーターに発生する垂直力は、実験によって確かめられている。

　スリップスピードと磁気レイノルズ数との積が１より小さい場合は吸引力となり、スリップスピードが磁気レイノルズ数の逆数より小さい場合は斥力となるのである。

　このように、どういう条件下では斥力になり、別の条件下では吸引力になるかも判っている。しかし、なぜ垂直力が発生するかその原理が未だ不明のままなのである。

　その当時はその取りかかりも判らなかったが、現在では、それが潜象

第2部　万有引力（重力）と未解決の物理現象

エネルギー場と、おおきな関わり合いがあるのということが判ってきた。

　この問題を研究するにあたっては、回転型モーターに話を戻して考えた方がよいのではないかと思う。

　その前に試みてはどうかと思うことがある。このリニアモーターの巻き線はCWであったと記憶しているが、これをCCW巻にしてみた場合、垂直力の発生状況はどう変化するかということである。推力は逆向きになるかも知れないが、垂直力の発生条件が変化すれば、この垂直力は案外役に立つかも知れないと思う（いずれにしてもテストしてみないと判らないことであるが――）。

　リニアモーターに発生する垂直力を回転型モーターに置き換えてみると、次のようになる。

　この垂直力は、中央にある回転子と外側にある誘導板との間に発生する力になる。

　ではこの垂直力を発生させるには、どんな電流および磁場が必要になるかを考えてみる。モーターの回転力を生じさせる実電流と実磁場は存在しているのであるが、垂直力発生に関与するエネルギーを探してみることになる。

　このモーターに供給されている電流と磁場は回転力を生み出している。従って垂直力を生み出すエネルギーは残っていないことになる。しかし面白いことに、この垂直力は推力の約半分（正確には分子になるスリップスピードと磁気レイノルズ数との積により変動する）であると示される。

　リニアモーターの場合は、回転型モーターと比べれば、1次側と2次側のギャップが大分異なるので、一概には言えないが、供給されるエネルギーは本来回転力（推力）に見合う分で充分なのである。

　フレーミングの法則をベースにして考えると、本来回転力（推力）に見合う分なのである。垂直力を発生させるエネルギーは見当たらないのである。

ところが垂直力を発生させるためのエネルギーが、推力（回転力）の約半分相当分が、使われていることになるのである。しかもこの垂直力は元来フレーミングの法則では発生しない力なのである。

　このことは次のように考えざるを得ないことになる。

　それは、１次側と２次側との間に垂直力を発生させるための何らかのエネルギー流が、流入していることを示していると考えることになる。

　回転力Ｆを発生させるのは、１次コイルに流れる電流とこれに直交する磁場とによって起こる現象である。一方、垂直力（Fn）は、これとは別の90度異なった方向に発生する力場であるから、Fnを発生させるには別の要因が必要になる。

　つまり、１次コイルに流れる電流とは別のエネルギーが流入しているか、あるいはコイルに流れる電流によって発生した力であるということになる。ただし、この場合もフレーミングの法則からは逸脱した現象であることには変わりはない。

　だから、このFnというのは回転型モーターでは気がつかなかっただけであって、見過ごされていたことになる。（回転型では検出できなかったのである）

　このように、垂直力が発生しているということは、電流の他にもう一つのエネルギーが関与しているのではないかと考えたのである。

　このように、このモーターの回転場には、単にフレーミングの法則による回転力の発生のみならず、垂直力が発生することが判った。

　その力場というのは、ローターの回転に伴って発生する一種の法線力である。物体の回転場には回転面に鉛直な方向に発生する力場であると、考えることができる。

　これが垂直力ということになるが、コイルの形状を変えればこのように、別の軸方向の力場が発生する。

　このように考えてゆくと、１つの新しい発想が生まれてくることにな

65

第2部　万有引力（重力）と未解決の物理現象

る。それは顕象エネルギーの回転場には、潜象エネルギーが流入するということである。

このことは、前に述べたジャイロの回転の時に、回転の向きによって、重量が変化するという現象や、大きな台風やトルネードの場に発生する法線力（浮上力）と同じように、モーターにも回転力に加えて、吸引力となったり反発力になる垂直力が発生する。

もし1次コイルがソレノイド型ではなくて、スパイラル型であれば、このコイルを流れる電流によって、このコイル面に鉛直な方向に法線力が発生することになる。

リニアモーターのときとは巻き線の形が異なるし、2次導体があるので、もう一つの力が発生するとは言えないのであるが、コイルの形を変えて電流を流せば、さらに別の方向に法線力による力場が発生することになる。この力は流体力学に起因するものであるから、一律にはならないが、コイルに電流を流すことによって発生する力場であることになる。

従って、リニアモーターで発生した垂直力ではなくて、渦理論に基づくものであるので考え方が変わってくる。この場合は、2次側にコイルを置き、これをスパイラルにすれば、1次側コイルと同じように法線力が得られるので、謂わば2重スパイラル型になる。こうなると、メリーゴーラウンドの形に似てくる（コラム1にて後述）。

この場合、2次コイルには実電流を流さない潜象流の流入を期待することになる。また、2次コイルにも実電流を流すと、発生する力場がどうなるかも調べる。

リニアモーターに発生する垂直力の基になるエネルギー源のことを少し考えてみたい。

モーターの回転力（推力）は、実電流と実磁場によって供給されている。これに対して、垂直力のエネルギー源は電磁気学上は未知数である。

一応はFの約1/2程のエネルギーが使われているのでいるのである

66

が、前に述べたように、それは潜象エネルギーではないかという疑問が湧いてくる。

このことについて、もう少し突っ込んで考えてみる。

モーターの回転によって発生する一種の法線力であるにしても、何らかのエネルギーが必要になる。

モーターの回転方向とは90度異なった方向に発生する力場だから、通常のモーターの法則によらないのである。

ここで一つの仮定をもうける。それはモーターの回転に伴って、潜象エネルギーが流入すると考えるのである。

モーターの回転方向はCW方向とする。そこには回転子（1次側コイル）と、誘導板（2次側アルミ板または銅板）との間に、垂直力が発生する。この力の基は潜象エネルギーによるものと考える。この潜象エネルギーの回転方向は、モーターの回転方向と同じとする。

すると、回転方向と90度異なる方向に、垂直力が発生することになる。言い換えると、顕象エネルギーの回転（モーターの回転）によって惹き起こされた潜象エネルギーの回転場が起こり、それに伴って、回転方向とは90度異なった方向に力場が発生したことになる。

前に述べたように、この発生した力場は、スリップ速度と磁気レイノルズ数との積が1より小さいときは吸引力となり、スリップ速度がが磁気レイノルズ数の逆数よりも小さい場合は、斥力となる。

読者諸氏は既にお気づきのことと思うが、「重力はなぜ発生するか」の項で説明したクエットフローが、流体の流れに対して発生する吸引力あるいは斥力の条件と同じことなのである。

このように、垂直力が発生すると言うことは、そこに何らかのエネルギー流が存在することになる。エネルギー流がなければこのような垂直力は発生しないのである。

そして、ここに発生した力場の条件というのは、クエットフローと同

67

第2部 万有引力（重力）と未解決の物理現象

じ条件、つまり、斥力が発生する条件も、吸引力が発生する条件も、ク
エットフローの条件と全く同じなのである。

　言い換えると、斥力や吸引力が発生するには、何らかのエネルギー流
が存在しなければならないことになる。この場合は、それが潜象エネル
ギー流しかないのである。

　ここにも同じようなことが発生するのである。エネルギーの流れがあ
ると、顕象エネルギーの流れであっても、潜象エネルギーの流れであっ
ても、その流れに対して90度異なった方向に力場が生じるのである。

　ここではこれ以上のことは述べないが、顕象エネルギーであっても、
潜象エネルギーであっても、その回転場には回転方向と90度異なった
方向に力場が発生するという考え方が成立するのである。

　この考え方は、新しい科学では大いに役立つ力場であると言えよう。

　このことは電磁気学よりも、むしろ流体力学の範疇かも知れないが、
極めて重要な事柄である。

　従って、顕象エネルギーと潜象エネルギーとは、回転あるいは渦流を
介して、密接な関係にあり、それによってこれまで気付かなかった力の
場が発生していることになるのである。

　このように、垂直力や法線力の発生は、潜象エネルギー場との関わり
合いを考えながら、研究することになる。

　この垂直力であるが、顕象エネルギーの回転に伴って、潜象エネルギー
が回転して流入し、その結果、垂直力が発生すると考えてもよいが、一
方、顕象エネルギーの回転場には、潜象エネルギーが発生し、それは垂
直力や法線力として観測されると考えてもよい。

　台風や、トルネードに発生する法線力、およびジャイロに発生する重
量（法線力）の変化のことを考えると、後者の方が正しいように思える。

　台風やトルネードのことを考えると、ここで発生している力場のエネ

68

ルギーは、渦理論で言う消散エネルギーにあたる。消えたエネルギーというのは、潜象エネルギーに転化したと言えるし、いずれにしても、顕象エネルギーの回転場には、このような力場が現れるということになる。リニアモーターに発生した垂直力は、きちんと力場が発生していることが、立証済みの話である。

　ここで本筋からは離れるが、航空会社としては全く異端とされていたリニアモーター・カーの開発に、16年間という長い年月もの間、関与していたかについて若干述べておきたい。
　この技術開発のリーダーは中村技師長（理事）であった。このプロジェクトは運輸省（国土交通省）や、社内外から猛反対をうけて、幾度となく中断されそうになったのであるが、辛うじて生き延び、1991年に運輸省から公共交通機関としての認可を受けるまで、16年の歳月がかかった。その間私もかなりの圧力を受けたが、何とかしのいできた。定年後はこのプロジェクトとの関わりはなくなった、それまでの間、どうしてこのプロジェクトと決別しなかったのか、その答えは見いだせなかった。
　私はこのプロジェクトは私の首にかった「禅門（修行僧または乞食）の頭陀袋」であると思っていたのである。この頭陀袋を満たすには、自分でお金なりお米を乞わねばならない。（このことは『超高速の光・霊山パワーの秘密』（今日の話題社）の終わりのところに詳しく述べた）
　でも、なぜか、その理由は判らないままであった。潜象エネルギーを研究していて、初めてこのことに思い至ったのである。長い年月を経て、やっとその答えに辿り着いたのである。リニアモーター・カーの開発が、潜象エネルギー空間論に関連していたとは思っていなかった。遅まきながら、そういうことであったのかと理解したのであった。
　これには神様のご配慮があったと思い至ったのである。

　もう一つは、超電導磁気浮上方式の話であるが、これに用いられてい

69

第2部　万有引力（重力）と未解決の物理現象

る超電導磁石は超低温状態になると、常温の場合に発生する磁気とは比べられない程、強力な磁場が発生することである。

超低温ではなくて、常温で超電導状態の磁場は発生させられないかという考えである。

この考え方はリニアモーターの開発に携わっていた頃からの不思議物語であった。現在の物理では超低温にしないと超電導状態にはならない。

それには冷却用に多大の電力を必要とするので、あまり意味がない。またその材料は銅やアルミではなくて、不良導体と言われる材料も超電導状態になる。

回転磁場では導体コイルの発熱を抑えることはできない。回転電場ではどうであろうか？　回転電場にした場合、コイルの温度が下がると、この発想は有効である。

従来の発想から言えば、回転電場に直交する軸に磁束を通せば、力が発生することになる。つまり、電流と磁束の入れ替えを行うことである。

いずれにしても、この問題の検討は、さらなる研究を要するので、今回は行わない。

この2つの物理現象は長い間未解決のまま、未だに気にかかっている事柄である。今回、そのうちの一つが解決したことになる。

巨大磁束を創るには、強力な永久磁石を用いることになる。高圧静電回転場と、永久磁石の組み合わせである。あるいは別の形で潜象エネルギー流（場）を利用することによって、意外に容易に常温超電導に伴う大きな浮上力が見つかるのではないかと思っている。それは今後潜象エネルギー場の研究が進展すれば、意外に早い時期にその解答が見つかるのではなかろうか。

70

第3部

潜象エネルギーを顕象エネルギーに転換するには？

　潜象エネルギーは、常に顕象界に流入しているのであるが、その流入の仕方を考えてみる。

　これまで述べたが、潜象エネルギー流がCCWの渦流となって流入していると考えると、渦流の中心部には法線力が発生して、その力の方向は渦流の流入方向とは逆の方向となる。

　局部的な渦流の発生（台風やトルネード）の場合に発生する法線力の向きは重力方向と逆の方向である。

　この渦流の方向がCW方向であれば、潜象エネルギーの流入と重力の発生方向とが合致することになる。そして、浮揚力を得ようとすれば、CCW方向の渦を作ってやればよいことになる。

　例えば、太陽系の太陽の自転方向、惑星の自転方向、および、公転方向はどうなっているかをみると、いずれもCW方向の回転となっている。

　この回転の場には、いずれも重力が発生していることから、次のことが言える。

　「潜象エネルギーの回転場がCW方向であれば、そこには重力場（重力）が発生する」ということなので、重力場の発生は潜象エネルギーの流入がCW方向の回転の結果ということになる。

　従って、潜象エネルギーの回転場がCCW方向の場合は、負の重力、即ち、浮揚力が発生することになる。これは、CCW回転の渦に発生する法線力と同じ力の場ということになる。

　このことは、流体力学の渦理論の結果とも合致している。つまり、浮

第3部　潜象エネルギーを顕象エネルギーに転換するには？

揚力を得ようとするときは、潜象エネルギー場の回転方向を CCW に変化させてやればよいことになる。

　この潜象エネルギーの流入方向であるが、地球上では常に CW 方向の回転流入であるので、局部的に CCW 回転の場を与えてやれば、そこには浮揚力が発生することになる。

　将来、水晶（石英）を用いた潜象エネルギーの回転方向を CCW にする方策がたてば、この浮揚力を入手することは比較的簡単に可能となるものと思われる。

　しかし、流入エネルギーの制御ができなければ、今すぐ試みるのは止めた方がよい。思いもよらない副次的な現象が発生する可能性があるからである。

　では、この潜象エネルギー空間の考え方というのは、どういう科学になるかを考えてみる。

　現代科学では、物体を空中に浮かせたり、推進させるためには、プロペラのように空気を回転させて推進力を得て、それにより翼に浮上力を発生させたり、ヘリのように回転そのもので浮上力を得たり、ジェットエンジンで空気を噴出させたり、あるいはロケット噴出を利用している。

　これらの仕組みは、物体の輸送手段として広く利用されている。これらの動力を得るには、一般的には、化石燃料に頼って回転力や推力を生み出している。

　しかしこれらの輸送手段は潜象エネルギー場を利用すると、大きく様変わりすることになろう。

　例えば、回転翼のないヘリコプターやプロペラのない航空機、あるいは、ジェットエンジンのない航空機の動力として利用することができることになる。

　サテライトの打ち上げ方法も変わってくることになる。

　これらは新しい科学を生み出すことになるのである。

72

過去の話であるが、アトランティスの生き残りの人達が、ピラミッドやストーンヘンジを建設するときには、このような手段で巨石の運搬や構築にも、この力を利用したことは、充分に考えられることである。

　数十トンもある巨石を数百キロメートルの距離を運んだり、この巨石を持ち上げてストーンヘンジの装置を構築するのは、空中に浮かせば非常に楽であったろうと考えられる。

　アトランティス文明では、このやり方は極めて普通の手段だったのではないかと思える。考古学者が考えているように、巨石を地上運搬したり、テコ等を使った構築工法とは全く違ったやり方をしたと思われるのである。

　アトランティス人が用いたと思われる超動力装置、ツーオイ石の復活には中々たどり着けなくても、約１万年程前に建造されたピラミッドやストーンヘンジの巨石の運搬や建造に用いられたと思える動力源を突き止め、その力を活用した物体浮揚や運搬技術位は、そう遠くない時期にたどり着くことができるように思える。

現代物理学からのアプローチ
──渦理論を応用した電磁現象テスト

　潜象エネルギーの回転場に入る前に、現代物理学の理論を応用したテストを試みてみたい。

　ここでのテストも、未だ誰も試みていないことである。その結果から、潜象エネルギーの回転場、ないしは、顕象エネルギーの回転場と、潜象エネルギーに発生するであろう力場との関係などを考えてみたいのである。

第3部　潜象エネルギーを顕象エネルギーに転換するには？

　そして、渦理論で言うところのエネルギーの消失がどのように潜象エネルギー場に繋がるかを突き止めてゆこうというのである。

　トライアルは、現代物理学の延長上にあるものから始めることにする。

立体スパイラルコイル

　現代の物理学では、コイルと言えば、円筒状に巻いたソレノイドコイルがほとんどである。よほどのことがない限り、トロイダルとか、スパイラル状に巻いたコイルは、見かけない。

　理由は定かではないが、作りやすいし、場所をとらないことがその理由かもしれない。

　そのため、ソレノイド型コイルに関する色々な実験や、公式は完備しているのであるが、トロイダルや、スパイラルコイルに関するものについては、参考にするものがほとんどない。

　まして、立体スパイラルコイルに関しては、何もないのである。この形のコイルは、今まで作られていないからである。

　この形のコイルを試みたいと考えたのは、理由が二つある。一つは、テスラコイルがスパイラルであること、もう一つは、流体力学からの発想である。

　まず、テスラコイルであるが、このコイルは2重スパイラルコイルになっている。テスラコイルの検証は、後ほど行うことにしている。

　もう一つの理由は、流体力学の渦理論では、渦場にはこの渦面に直角な方向に、力の場が発生するのである。

　トルネードが発生した場合、漏斗状の渦巻きの内部には、上向きの力の場が発生する。これも法線力である。鳴門の渦潮では、渦の中心部がへこむ。これも法線力である。

　力の方向が異なるのは、渦の回転方向がCCWであるか、CWによる

と考えている。このことは、いずれ、実験で確かめる予定である。

　いずれにしても、物理学上、法線力の発生は、確認されている。この現象を、スパイラルコイルに応用したいのである。

　このコイルに電流を流すと、立体の渦場が発生することになる。すると、このコイルの面に直角な方向に、法線力が発生することになる。この渦は、平面渦であっても発生するはずである。

　理論上、渦面には法線力が発生することは判っているが、これを検証した人はいない。そのような利用方法をこれまで必要としなかったためである。

　筆者は、この法線力を利用するつもりなのである。

　この立体スパイラルコイルであるが、今考えているのは、スパイラルコイルを上下に引き延ばして、逆円錐型にしたコイルを作ってみようということである。

　前に述べたように、これはトルネードからの発想である。

　トルネードでは、その中心部に大きな上昇力が発生し、かなりの重量物でも、吸い上げてしまう。アメリカでは、民家が持ち上げられて、数百メートル浮上したまま、損傷はほとんどどなく、別の場所に移動したという報告がなされている。

　これは、トルネードの高速回転によって、強力な上向きの力が発生したことによるのである。このときの回転方向は、CCW である。立体スパイラルコイルに、電流を流した状態は、トルネードの場合に、よく似ているのである。つまり、小型の人工トルネードを作り、そこに法線力を発生させようという試みなのである。

　コイルを CCW 巻きにして、コイルの上端から電流を流すと、コイルを流れる電流の速度は同じであるが、コイルの径がだんだん小さくなるにつれて、コイルを流れる電流の回転速度は、次第に大きくなる。コイルの終端部では、電流の回転角速度は、はじめの数倍から数十倍の速さ

75

第3部　潜象エネルギーを顕象エネルギーに転換するには？

になってゆく。

　この仕組みは、トルネードが、気流の回転によって、法線力を発生させるのに対し、立体スパイラルコイルに電流を流すという人工的な小型のトルネードを発生させることになる。

　最上部のコイルの径と、終端部のコイルの径の比を、たとえば100対1にすると、回転速度の比は、約1対100位になる。

　これぐらいの比になると、発生する法線力は、トルネードの時に発生する法線力のように、顕著になるであろうと、思われる。

　最初は、1:20、または1:50位の巻き線比から始める。

　後は、電流値を変化させて、法線力の変化を観察することになる。

　コイルの終端部であるが、ある程度長めにとる方が、観察しやすいのではないかと考える。あるいは、この部分はソレノイドにして、重ね巻にしてもよい。このときは、スパイラルとの結合には注意のこと。

　ここで一つ試みたいことがある。それはこのソレノイド部分であるが、ここのところの巻き線を2重にしてみる。なおかつ、単なる2重巻ではなくて、終端部をソレノイド巻の巻き始めのところにもっていって、巻くという巻き方にしてみる。

　言ってみれば、ソレノイドコイルのテスラ巻にしてみることである。

　スパイラル巻ではないので、発生する磁場の強さは、N×I（巻数×電流）の2倍のみであるかも知れないが、テスラコイルの力の場の発生源が2重コイルの間のキャパシタンスが影響しているのではないかという説もあるので、このことを形は違うが、ソレノイド型で試してみようという話なのである。

　もう一つの考え方は、平面に巻いたスパイラルコイルを重ね合わしたものを、試作してみたらどうかということである。

　このコイルを10個ぐらい重ね合わせて、電流を外側から内側に向かっ

て流してやる。

　DC の場合と、AC の場合を試みてみる。スパイラルコイルの場合は、AC であっても、外側コイルと内側コイルのところを流れる電流の角速度は異なるのであるから、ソレノイド型とは違った磁場が発生するはずである。立体スパイラルコイルと似た現象が発生すると考えられる。

　このコイルであるが、コイル 2 個を 1 組にして、テスラ型のように終端部をもう一つの方のコイルの始端部に接続して、ソレノイドコイルのテスラ巻を作ってみる。すると、5 個の 2 重テスラ巻ソレノイドコイルができ上がる。

　この場合、CCW 巻のものを重ねる。この場を渦場と考えると、発生する力場は上向きになるはずである。

　ところで、一般の電磁気理論からは、ソレノイドコイル内部には磁場が発生し、その磁束の方向は電流の方向に従うことになる。このことと、流体力学の渦理論から生ずる法線力とは逆方向である。

　このことは実際にテストして、磁場の強さと方向と、発生した力場の大きさと方向とを、測定しておかなければならない。

　このコイルに DC 電流を流して、発生する磁場と力場の状況を調べてみる。そして立体スパイラルコイルに発生する磁場と力場のデータと比較すると、今後、どの方向がよいかを決める指針となろう。（最初はテスラ巻にしないで測定する）

　ただし、テスラ巻にすることによって、新たに潜象エネルギーを呼び込む可能性もあるので、このことについては注意を要する。

　一般的な電磁気学の常識から言えば、コイルに電流を流した場合、それに直交する方向に磁場が発生し、その磁場はコイル内部に限られる。

　もう一つの直交する電流、ないしは磁場がないと、力場は発生しないことになっている。

　ここで、電磁気学で言う垂直力と流体力学で言う法線力との違いが出

第3部　潜象エネルギーを顕象エネルギーに転換するには？

てくる。

　今回の場合、発想の元は法線力であって、それを発生させるためにコイルと電流を用いたのであるから、このままで力場が発生すると考えてよい。

　この磁場の状況を測定すれば、立体スパイラルと同様、近似磁気単極の発生も可能かも知れない。

　作りやすさから言えば、立体スパイラルコイルを重ね合わせるよりも、ずっとやりやすいと考える。

　また、このコイルと組み合わせて、推力モーターの製作にも応用できるのではないかと考えられる。このような用途に用いる場合は、電流と直交する磁場を必要とするのでその配置につて考える必要がある。例えば、このスパイラルコイルと直交する磁場としては、これに直交するコイルを巻き電流を流すか、永久磁石を用いるとか考えてみること。

　法線力を測定するには、コイルの重量の変化を測定することによって、確かめられるはずである。

　ここでの問題は、一般的には、コイルに電流を流すと、磁場が発生する。この磁場は、コイルの内側に発生し、その向きは90度異なるが、電流の流れる方向になる。

　この場合は、コイル上端部から終端部の方向となる。つまり、下向きの磁束の流れが発生することになる。しかも、この磁束は、終端部ほど、大きな値になってゆく。この現象が、コイル全体にどのような影響を与えるかは、今のところ、未知数である。

　また、この磁束の変化は、これまでの電磁気学では測定されたことがない。

　さらに、この磁束の変化を、例えば、磁場の圧力がだんだん増加している現象と捉えてよいかという問題がある。

これまで、一つのコイルの中で、磁束が増加する現象は、測定されたことがないし、まして、磁圧（磁束による圧力）という考え方はなかった。

　その理由は、現代物理学では、スパイラルコイルは、ほとんど利用されていなかったからである。

　すべては、このシステムの計測の結果によることになる。

　コイルに電流を流すと、コイル内部に磁場が発生する。この磁場に磁束の流れる方向は、電流の流れる方向、この場合は、コイル上端からコイルの終端に向かって電流を流すから、磁束の方向もこれと同じ方向である。つまり、重力方向になる。ただし、このときのコイルの巻き方であるが、CW 方向の巻き方である。

　これが、もし、CCW 方向の巻き方であれば、電流の流れ、つまり、渦流の方向が、上記とは逆になるので、発生する法線力は逆方向となる。

　この法線力が発生する方向は、流体力学上も、電磁気学上も、同じであるとよいのだが、現在の理論上では逆方向である。

　前に述べたように、電磁気学上は、磁気圧（磁圧）という考え方はないので、計測により、データーをとって、考え方を決めることになる。

　磁気圧の考え方の元は、ガスタービン・ジェットの考え方である。ジェットエンジンでは、タービン・ブレードが回転して、空気を吸い込み、圧縮してそれを燃焼室に送り込む。そこでケロシンを燃焼室に噴射して、空気と混合して点火する。するとこの混合気体は膨張して高圧となる。これをノズルから外部に噴出させる。こうすることによって、推力を発生させるのである。

　磁気圧の場合も、これと似た状態になれば、磁束が圧縮されて、高磁場になり、それが外部に噴出すれば、噴出力となるのではないかと考えるのである。

　磁気圧の噴射という考えの基は、このようなことであるが、果たしてこのような現象が現れるかは、今後の研究課題である。

　このように磁気噴射という考え方が正しいか、または、法線力の発生

79

という現象による力場の発生かは、もう少し検討してみないと明言できない。電磁気学的には、前者の考え方になりそうであるが、流体力学的な見方をすれば後者になる。

　論理的には渦理論で組み立てたコイルと電流なので、流体力学の方が正解と思えるが、電流の流れるコイルの内部には、磁場が発生するのでややこしいのである。

　法線力により上向きの力場が発生するか、または磁気圧という考え方で下向きの力が発生するか、どちらであっても、コイル自体は浮上するのであるが、どの力によるかは、秤に加わる荷重によって判断することになる。

　テスラコイルは、２重巻きのスパイラルコイルである。これを立体巻きにすることによって、発生する法線力を、倍増させることができるのではないかという期待もある。

　現在考えているのは、テスラは、このコイルをアンテナとして使っていたので、電流を流すことはしなかったはずである。ここでは、実際に電流を流して、法線力を発生させるように考えているが、将来は、潜象エネルギーのみで、法線力を得られないかと考えている。

　このように、使用目的が異なっていることに注意のこと。

　このテストは、潜象エネルギーを呼び込んで、それが顕象エネルギーになって、法線力が大きく増加する可能性があるので、慎重に実施することが大切である。

　テストには十分注意すること。

近似磁気単極装置

　前に述べたように、立体スパイラルコイルを用いて、近似磁気単極装置を作ることを試みる。

立体スパイラルコイルに、DC 或いは AC 電流を流すと、このコイル内部に磁束が発生する。

　しかし、コイル始点付近と、コイル終端部とでは、発生する磁束密度が、大きく異なる。コイル始点で発生する磁束密度は小さく、コイル終端部ではコイル密度がきわめて大きくなる。その理由は、コイル終端部では、コイルの径が上端部に比して小さく、その結果、この部分における電流密度が大きくなる。

　それは、始点部のコイルの径に比べて、終端部のコイルの径が小さいので、電流の角速度が大きくなるからである。

　実際に流れる電流の量は、変わらないのであるが、見かけ上の電流はコイル終端部では、上部コイル付近よりも円周がかなり小さいので、同一時間内に流れる電流値は、大きくなるのである。すると、何が起きるかというと、発生する磁束の量が増加することになるのである。場合によっては、この部分のコイルは、ソレノイドに幾重にも重ねて巻くことができる。

　この考え方からは、DC、AC の区別はないので、テストは２つともやった方がよい。

　このことは実測して検証することになるが、理論上はこういうことになる。

　図のＢにおける磁束密度が大きいことは、磁極としての機能を考えると、図のＡ周辺よりも、Ｂ周辺の方の磁界が、強いことになる。

　一般的に言えば、磁界の強さは、コイルの上部と下部とでは、同じはずであるが、このようなコイルでは、違ってくることになる。

　ＡとＢとの比率を大きく取れば取るほど、この現象は、はっきりしてくる。これが、近似磁気単極装置の理論である。

　この磁気単極の話であるが、『磁石のナゾを解く』（中村弘著　ブルー

81

第3部　潜象エネルギーを顕象エネルギーに転換するには？

バックス　講談社）に次のように述べてある。

「モノポールの磁気引力の大きさは？

電気の場合、プラス・マイナスのｅの間に働く引力は、それらの間の距離がｒなら、クーロンの法則で、e^2 / r^2 で表される。

モノポールでもｒだけ離れたプラス／マイナスｇの間の引力は、g^2 / r^2 で表される。従って２個の荷電粒子の間に働く引力と、２個のモノポール同志の間に働く引力との比は、g^2 / e^2 となる。

この値は理論的に約5000と計算されている。

つまり、プラス・マイナスのモノポールの間に働く引力は、電気的引力の5000倍にもなるということである」

「これだけ巨大な力が働くので、モノポールは自然界では互いの引力が結合して、両方とも消滅して、巨大なエネルギーに変わってしまう」

このように、自然界ではモノポールは存在しにくい現象であると説明してある。

いま筆者は、立体スパイラルコイルを使って、近似磁気単極（モノポール）場を創成しようと試みることになる。

最初のステップとして、コイルの巻始めと巻き終わりの径の比率を、20:1位までのことを考えているが、これを100:1、さらには1000:1と、その比率を高めてゆけば、近似磁気単極（モノポール）に近づくことになる。

このような状態になったとき、コイルに発生する磁気比率からみて、ある程度大きな力が発生することになる。

この発生した力の方向を考えると、コイルの巻き終わりのところから吹き出すように発生するものと考えてよい。

つまり、噴出力として捉えることになる。磁気噴出力である。ちょうど、ジェットエンジンの噴出に似ている。

自然界のモノポールは、仮に発生しても瞬時に消滅するが、このよう

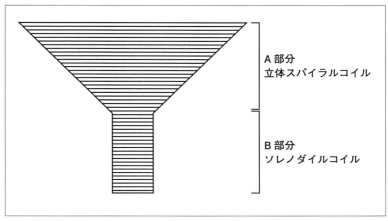

図4

に立体スパイラルコイルに電流を通じて磁界を発生させると、磁気噴出力が発生して、大きな力の場を得ることができると考えてよい。この力はあらゆる分野に利用できるので、動力としての利用度は極めて高くなる。是非試してみたい実験である。

　この装置を、2組製作して、磁束密度（磁界）を向かい合わせた場合、磁気単極を2つ向かい合わせた状況になる。
　同種極同志であれば強い反発力の場になるし、異種極を向かい合わせれば、強烈な吸引力の場となる。これを実現するには、コイルをCCWに巻いたり、CWに巻くことによって、反発、吸引の場を実現できるのである。
　実用化の場合は発生したエネルギーの制御用に使えることになる。
　このコイルに発生する法線力であるが、私はトルネードからの発想で、上部に口径の大きい方をおいたが、逆にするとどうなるかは、一度試みておいた方がよいかもしれぬ。

　図において、A部分の巻き線の長さと、B部分の巻き線の長さを、同

第３部　潜象エネルギーを顕象エネルギーに転換するには？

じにしてみる。

　当然、B 部分の長さは、A 部分に比して長くなる。しかし、このように
しておくと、計測時の考え方が楽になる。B 部分の巻き線を、重ね巻
にしてみる。この部分だけ取れば、ソレノイド型である。ここでの磁場
の強さは、N×I なので、計算できる。

　コイルに流れる電流は、同じであるから、A 部分に発生する磁束の
量は、B 部分に発生する磁束の量と同じである。

　しかし、コイルの巻き線の長さを同じにするということは、必然的に、
コイルの巻き数に差が出てくる。

　A の半径と B の半径との比を、10:1 にした場合、A 部分の円周の長
さは $2\pi r_a$ であり、終端部の半径を r_b とすると、そこの円周長は $2\pi r_b$
になる。この２つの円周の比は r_a / r_b であるから、この場合は、10 で
ある。つまり、円周長の比が 1:10 となる。しかし、流れる電流の速さ
は変わらないから、流れる電流の比は、1:10 になる。

　これ位では近似磁気単極とは言いがたいが、半径比が 100:1 または
1000:1 になると、そこに発生する磁束の比はかなり大きなものとなる。

　完全な磁気単極ではないが、近似磁気単極といってもよいであろう。

　コイル内部に発生する磁束は、（巻数）×（電流）であるから、B 部
分に発生する磁束密度は、A 部分（スパイラル巻き線）の約 10 倍にな
ると考えられる。

　この時の電流の量のことを考えると、終端部のソレノイド型コイルを
10 個作り、並列にしてそれぞれに電流を分配してやると考えると判り
やすい。重ね巻きになるので、径の大きさは少し違ってくるが、計算上
はその平均を取り、1 巻目と 10 巻目との 1 / 2 として計算できる。

84

実測してからでないと、正確には言えないが、理論的にはこのように考えられる。つまりB部分の磁束密度はA部分の10倍以上の値になる。

　この立体スパイラルコイルを、2個製作してみる。いずれも、CCW巻とする。
　Bの部分を近づけてみると、強い反発力を発生するはずである。また、コイルをCCW巻と、CW巻にして、Bの部分を近づけてみると、強い吸引力の場が出現することになる。
　CCW1個の場合、B部分には、単に、磁束密度の大きい場ができるだけで、他には、力の場は発生しないのであろうか？
　前にも述べたように、ここには、磁束の方向とは逆方向の力の場が、発生すると考えられる。トルネードの中心部に発生する法線力である。

　これ以上のことは、実験結果をまたないと、何とも言えないが、理論上は、近似磁気単極場を発生させることができるのである。

　実験では、どのようにすれば、法線力を大きくすることができるかを、研究することになる。つまり、法線力を高める研究である。

　前にも述べたが、コイルのB部分では、磁束密度の増加に伴い、一種の圧力場が出現する。言ってみれば、磁気圧場である。この場は、これまで誰も、圧力の場とは言っていない。この磁気圧場は、いわゆる力の場になるのではないかと思えるのである。
　あるいは、ジェット・エンジンのように、磁気噴射の形で、推力を生じるのではないかという考えも出てくる。
　この磁気噴射の方向は、電流による法線力とは向きが反対である。この方向を揃えるには、コイルの巻き方を逆にするとよいことになる。いずれにしても、この辺は実験により確かめることになる。

第3部　潜象エネルギーを顕象エネルギーに転換するには？

　磁気噴射が、ジェット・エンジンのように、強大なものになれば、騒音のないエンジンが出現することになる。

　以上の考え方は、現代物理学をベースにした考え方であって、潜象エネルギーを、力の場として用いることではない。従って、効率的には、未だしであるが、騒音のないエンジンという点では、早期に実現できて、利用価値があると考えられる。ここで、法線力とは潜象エネルギーであると考えることができるから、このような考え方を容認すれば、電流（顕象エネルギー）を潜象エネルギーに変換したといっても良いことになる。

　ジェット・エンジンでは、2段、3段と、タービン・ブレードを重ねることによって、圧縮度を高めている。

　同じような発想で、法線力を大きくすることは、できないのであろうか？

　今のところ、同型のコイルを重ねて、2重あるいは多重立体コイルを作ってみることぐらいしか、思い浮かばない。

　この場合、単純な重ね合わせ理論で処理することが可能かどうかは不明である。

　2重コイルに流れる電流によって、コイル相互間に何らか誘導作用が発生することが、考えられるからである。

　現在の電磁気理論では、平行する2線間には、流れる電流の方向が同じであれば、この2線間には反発する磁場が発生して線間を引き離す力が働き、電流の向きが逆であれば、吸引力が発生することが判っている。

　この2つの導線を、コイル状にした場合は、どうかについての研究は、なされていない。テスラコイルの考え方はその盲点を突いているかもしれぬ。

86

基礎実験（1）

1. CCW 巻の平面スパイラルコイルを 2 個作成する。

2. このコイルそれぞれに電流を流して、磁場の発生状況を見てみる。（DC 電流）

3. 一般的には、2 つのコイルには、反発力が発生する。（斥力）

4. コイルの 1 枚を裏返しにして、重ね合わせる。そして、それぞれに DC 電流を流す。

5. この場合、2 者間には、吸引力が発生する。

6. 同時に、微細な渦電流が発生する。この渦電流によって、上向きの力、あるいは、下向きの力の場が発生する。

7. 立体スパイラルコイルは、裏返しにはできないので、CCW 巻と CW 巻の 2 組の実験を、上記に準じて行うことになる。
   この形では、法線力の方向が、互いに逆方向になるので、法線力を取り出すのには不向きである。

8. コイルの形状を、テスラコイルと同じ結線にしてみる。この場合、潜象エネルギーの実験になってくるので、取り扱いに、注意を要する。
   このあたりの実験は磁気単極のテストではなくなるので注意のこと。

（注意）

この実験は、小規模のものより始める。

最初は、20cm φ のものとし、順次、30cm φ、50cm φ になるように、コイルを足してゆく方法をとると、安全な実験ができる。予備テストとしては、φ をこれ以上大きくしないで、電流値を増加させて、データーを取ること。最終的には、φ を 100 センチメートル位まで、大きくしてみたいが、思わぬ力が発生するように思えるので、細心の注意を要する。

第3部　潜象エネルギーを顕象エネルギーに転換するには？

テスラコイルの改良型

1.　6角アンテナとテスラコイル
2.　複合6角アンテナ
3.　2重3角アンテナ

　DC & AC 電流を流す場合と、何も電流を流さない場合の測定を実施する。

　6角アンテナの発想の元は、雪の結晶である。雪の結晶はいろんな形をしているが、いずれも、六角形の組み合わせになっている。
　このことは、自然界が6角を好むと言うことである。自然エネルギーには、6角の形をしたものに集まりやすいという性質があると考えてよい。
　もう一つの例は、石英である。ツーオイ石は特別としても、ストーンサークルに用いられている石材には、いずれも石英が含まれているのである。
　このことは、石英には潜象エネルギーを、集める能力があると言うことなのである。
　石英は6方晶系である。つまり、雪と同じように、潜象エネルギーを集めることができるのである。
　石英を用いた仕組みは、かなり危険が伴うようなので、十分な準備が必要になる。従って、このやり方は、最後の所に述べる。

1.　6角アンテナとテスラコイル
　テスラは、彼の電気自動車にエネルギーを集める方法として、2重コイルを用いている。
　このコイルは、平面の円形コイルである。

このコイルを６角形に変形してみる。自然エネルギーを集めるのは、この形の方が、効率がよいのではないかと、考えたからである。

　６角コイルを作るときは、円形コイルよりも多くの潜象エネルギーの流入を予想しなければならないので、十分注意のこと。

　実電流と重複して、潜象エネルギーが流入するものとして考えておくこと。

　テスラの実験の詳細は不明であるが、判っている範囲のことは、次のようである。

　テスラコイルで得たエネルギーを、真空管アンプで数段増幅し、推力を生み出しているようである。当時、アメリカでは、ウエスタン・エレクトリック社が、大出力の真空管を生産していたので、ある程度のアンテナゲインがあれば、それを増幅して、動力を得ることは、そう難しいことではなかった思われる。ただし、この場合、アンプを稼働させるための電力は、当然、実電力を必要としていることになる。（このアンプでは、高周波増幅管を用いることになるが、後段の出力管として、送信用の大電力増幅管を用いると、実験はやり易くなる）（高周波増幅管を用いるか中間周波数に変換後、低周波増幅管で再度増幅する方がよいかも知れない）

　１KW の電気的な推力を得られれば、１トン程度の自動車を動かすことは、そう難しくはない。

　現段階では、未実験なので、推測の域を出ないが、充分考えられることである。

2.　複数６角アンテナ

　上記の６角アンテナを６個用いる予定である。

　理由は簡単である。６角の立体アンテナになるからである。こうすれば、潜象エネルギーをより多く集めることができるからである。

3. 2重3角アンテナ

3角アンテナを2個作り、それを6角形になるように取り付けるのである。そうすると、6角形の形になる。これでも潜象エネルギーを集めることができるのではないかと、考えている。（結線は複数試みてみる。2つのアンテナを連結することも含めて）

図のように、3角コイルを横にして6角形になるように重ねる。アンテナからの取り出し口は中央部に集める方が、やり易いであろう。

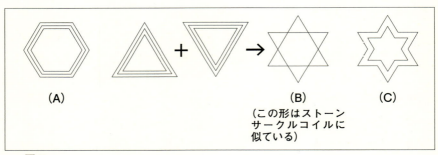

図5

（3角コイルを平面にしてダビデの紋章のように重ね合わせて、6角形になるように組み合わせる。

この平面になったアンテナをポールに立てる）

これらの実験は、AC & DC電流を用いる予定である。最近は、積層電池で、かなり容量の大きい電池ができているので、変圧器や、整流装置がなくても、ある程度の実験は可能と考えている。（安全上も、電池の方が望ましい）

ただし直流の場合は、ON-OFFの際、瞬時ではあるが、アークが飛ぶので、危険防止のため、アーク防止のダイオード等を回路に挿入する。

実験では、できるだけ、低電圧で行うようにすること。また、大電流を流すときは注意のこと。

　複数個の６角アンテナの考え方は、将来の石英を使用した潜象エネルギー装置の前段階のテストである。

基礎実験（2）

1. 磁気と電流との関係から、電流がどれだけ流れると、どれ程の磁気が発生するかを調べる。
　通常は、コイルの巻数と電流の積に比例した磁束が発生する。（ソレノイドの場合）
　スパイラルではどうか？

2. モーターに発生する力を、電流と磁気との関係で明らかにする。（既存のモーターの計算式でよい）

3. スパイラルコイルに電流を流すと、螺旋回転電場になる。これが、回転磁場とどう違うかを考える。
　この電場と磁場との組み合わせで、取り出せる力場がないか考えてみる。例えば、磁極間にコイルを挟み込む形のものができないか考えてみる。

4. $v^2 \cdot R$　ではないが、回転場に発生する力の量（またはエネルギー）を計算する。

5. スパイラルコイルの始まりと、終わりの巻き線のところでの電流の角速度を計算する。

第3部　潜象エネルギーを顕象エネルギーに転換するには？

計算が簡単であるから、発生する磁束の予測もできる。

6.　5の結果より、発生する磁束密度の比を計算する。

7.　磁束の噴出力、あるいは、磁気圧の考え方を導入する。（磁気圧な
いしは噴出力）
　この噴出力、あるいは、磁気圧の計測は、法線力の計測と一緒になる
ので、その区分に　ついては注意を要する。

8.　これを出力と捉えて、ジェット・タービンと比較する。

２重スパイラルコイルの実験

　トーラス状に巻いたコイルで、スパイラルコイルを作成する。このス
パイラルコイルを立体にする。
　径の大きさが大、中、小と径の異なるトーラスコイルを作り、これら
を１組のコイルにする。

　次のステップとして、この２重コイルを立体スパイラルにして、渦流
による法線力の状況を確かめる。
　この法線力の大きさを、測定する。
　この時は、２つのコイルを同じようにCCW巻になるように重ね合わ
せる。重ね合わせる必要上、内側のコイルはその径が、若干小さくなる。
特に、終端部は、キチンと重なるようにしなくてはならない。
　２つの立体スパイラルコイルによる法線力が、どのようになるか、１
つの場合の約２倍になるかを、確かめる。
　どちらかの法線力が有効であれば、浮上力として使える。

まずは、フラックス・メーターによる測定、および、コイル重量の変化を、コイルに流す電流を変えて、測定すること。特に流す電流によってどの程度重量変化があるかを確かめる。ジャイロの実験を考えると、変化が認められるはずである。

　電池は、20V 〜 50V で計測する。100V 以上の電圧にしたときは、その取り扱いについて注意を要する。思わぬ力の発生に注意すること。また、ブレーカーの操作の時、発生するアーク防止回路を組み込むことを考えておくこと。

　WE 社コイルの話もあるが、スパイラルコイルの片方には、電流を流さない場合も、参考までに計測すること。

　（ただし、この結果は潜象エネルギーの流入も考えること）

　コイルの芯に、光ファイバーを使用したときも同様である。これは面白いが、潜象エネルギーを取り込むことになるので、要注意である。

　立体スパイラルコイルの場合は、できれば直径比を 50 〜 3cm φから始める。

磁場と電場の変換について

　導体に電流を流すと、導体の周りに磁場が発生することは、よく知られている現象である。また、この導体をソレノダイルコイルにすると、このコイルの内部に、磁場が集約されることも同じである。
　しかし、スパイラルコイルについては、このようなデータは、何もない。
　一方、力の場と、磁場との組み合わせから、電流を得る仕組みについても、よく知られている。

第3部　潜象エネルギーを顕象エネルギーに転換するには？

　ところが、単一の磁場のみが存在していて、そこから力の場や、電流を取り出す研究は、なぜか、何もなかった。

　潜象エネルギーが変換される第一のステップは、磁場であると考えると、磁場を活用して、力の場、あるいは、電場を創りだすことを考えるのが第一であろう。無限のエネルギーを、磁場を介して、どんどん引き出してゆくメカニズムを考えることから、スタートすることになる。

　この考え方は重要である。

　ムーの粘土板にある冷磁力が、重力であれば、ムー文明に近づくことになる。磁気単極は、一種の力場になると考えてよいので、ムー文明で言う冷磁力に近づくか？

　ただし、これは一部の物質に限られるから、全般的な力場（重力場）にはならない。少し違うかも知れぬ。

　まず、磁場を複数個重ね合わすことはできないかを、考えてみる。

　3重構造のトロイダルコイルを考える。最初は2重でもよい。それぞれのコイルに別々にDC電流を流す。外側のコイルによって発生する磁束の中に、内側コイルの電流（DC）が作用して、力場が発生しないか？調べてみる。

　（a）2つのコイルの磁場の流れ
　（b）交錯する磁場に発生する力の場、または電場
　（c）回転する磁場に発生する電場
　（d）磁気圧、あるいは、磁束の噴射による力の場の発生

　これに加えて、潜象エネルギーを流入させるために、石英棒、あるいは、光ファイバーを、活用する。

　石英を用いて、潜象エネルギーを集め、これと磁場とを絡める仕組みを考える。ここでは、電気を必要としない力の場の発生がみられそうで

94

ある。

　磁気だけで、力の場が発生すれば、電場の発生はなくてもよいことになる。または、電場は、力の場の副次的な発生になる。

　これらのことは、ストーンサークルの理論（存在理由）からの推論である。

ハチソン効果

　スピルバーグ監督の映画の中に、ポルダーガイスト現象を扱ったものがある。この超常現象に似たものに、ハチソン効果と呼ばれる超常現象がある。この現象には、色々な種類のものがあり、いずれも現代物理学では、解明できない事象である。

　この現象は、1979 年に、カナダのバンクーバーにあったジョン・ハチソンの研究所で発生した現象に端を発している。

　まずは、浮上現象である。金属・木材など材質に関わりなく、物体が浮上する現象。この浮上した物体は螺旋状に上昇してゆくようである。

　この浮上現象が発生する原因は何かを考えてみると、重力の原因が場にあるのと同じように、その場所に浮上力（反重力）が発生していると考えられるのである。

　重力が発生する場は、CW の回転場であるから、これは明らかにCCW の回転場に発生した浮揚力（反重力）であると推察できる。潜象エネルギーの CCW 回転場ということになる。

　このような場が発生するためには、その付近にコイルがあるはずである。コイルに電流を流していないのに、このような現象が発生するための要件は一つしかない。潜象エネルギーがこのコイルに CCW 方向に回転しながら、流入していたと考えられる。

95

第3部　潜象エネルギーを顕象エネルギーに転換するには？

　次に破壊現象である。これも物体の材質にかかわらず発生している。金属が切断されるとき、その切断面はナイフで切ったようにシャープな場合、あるいは、高熱にして引き裂いたように破壊されることもあるという。

　また、切断された棒ヤスリは、磁気単極のように、NとN極、SとS極というような磁気現象を示すことがあるという。

　その他、テレポテーション現象（壁を通り抜けて外へ出る現象）や、おいてある物体が透明化してしまうような現象など、多岐にわたっているという。

　これらは現代物理学の常識では考えられない現象の総称である。

　私自身はこれまで考えていたことを、実際にテストしていないので、これらの現象を体験したことはないのであるが、充分予想できることであると考えている。

　なぜこのような記事を紹介するかというと、その元には、潜象エネルギー空間が存在するという認識が不可欠であることと、これらの実験を行うにあたっては、しっかりした研究施設の中で研究しないと、研究者は危険に晒されることになるということを、提起するためである。

　このハチソン効果に似た現象がある。それはケイシー・リーディングの中で示されたアトランティス文明である。

　このことは、アトランティス文明の一部が、ハチソン効果として、現実に確認されたと考えてよい。

　しかし、その根本原理については、現時点では何も判っていないが、今後、潜象エネルギー空間の研究が進めば解明されるであろう。

　超常現象の中で、最も有名なサールの円盤の浮上現象は、現代人が、まだ、原因究明ができていない、未知の現象である。

　どのような装置を作ると、この現象が発生するかは、その理論がはっ

96

きりしていないが、ある種の潜象エネルギーを引き出していることは、事実である。

このことに関する記述には、装置の具体的なテストの説明はないが、潜象エネルギーを誘引して動力としていることは、他にエネルギー源がないことから、容易に推察することができる。

しかし、現時点では、理論が不明確な段階であり、闇雲に装置を作っても、理論的に潜象エネルギーを活用することには、つながらないからである。

この問題は、もう少し、その発生理由を知りたいと思っている。

発生理由が判ればその力を制御することができる。そして初めて実用になるのである。

ムー文明の中に、重力とは冷磁力であるという一文がある。なぜ磁気単極になるかは、未だ定かではないが、重力現象を研究する上で、何らかの示唆を与えそうである。

潜象エネルギーを集めるには？

これまで考えていたことを整理してみると、次のようなことになる。
コイルを使った方法

（A）テスラコイル（スパイラルコイル）
　（a）平面2重コイル
　（b）立体2重コイル
　（c）変形立体コイル（デルタ型コイルを2重にしてテスラ接続にしたもの）
　（d）6角形コイル（6角型コイルを6個組み合わせたもの）

第3部　潜象エネルギーを顕象エネルギーに転換するには？

（B）水晶の組み合わせ
　（a）水晶と導体との組み合わせ
　（b）光ファイバーを用いたもの

　潜象エネルギーを集めるものとして、上記のようなことが考えられる。これらを集めて制御できる力場を得ることができるかを主体に考えてみる。
　制御のためには、電気力あるいは磁気力を用いることが必要であろう。
　潜象エネルギーを、電気や磁気に変換しないで、直接力場を発生させることの可能性を探る研究となる。
　超古代文明では、潜象エネルギーから電磁気を発生させることなく、力場を発生させていたように見受けられるのである。
　まずコイルを使った方法で有力なのは、テスラ型コイルである。

潜象エネルギーの検出方法

　目下のところ、これについては取り組む方法がない。考えられるのは、力場の発生を見つけることのようである。それから、逆にたどってゆくのがよいのではないかと思える。これまで考えていなかったが、デルタテスラコイルを2個作り、これをテスラ接続にしてみるとどうであろうか？
　6角コイルができ、潜象エネルギーを集めることができるかもしれない。これは6角形で潜象エネルギーを集めることと、テスラコイル風の接続を合わせて、より有効な蒐集方法になるかも知れない。
　また、スパイラルコイルを数個作り、それぞれをテスラ接続にしてみると、どうであろうか？

2重コイルではないが、このスパイラルコイルを重ね合せて、テスラ接続にするのである。

　このやり方だと、3重コイルも、4重コイルも作り出すことが可能である。

　このテストでは、発生する力場がどの方向になるかを確かめることが大切である。

　テスラコイルに発生する力場の方向は、コイル面に垂直な方向のようである。

　なお、「ハチソン効果」の本に示された図では、大小2つのテスラコイルが、数メートル離れて向かい合わせに取り付けてあるので、この方向へ力場が発生したようである。

　通常の電磁気学では、このように離れていると、電磁相互作用は発生しないのであるが、テスラコイルの場合は、潜象エネルギー場なので、十分に可能な作動範囲なのであろう。

【以下の実験は是非やってみたい】

　『フリーエネルギー技術開発の動向』p187に示された6角形の永久磁石に巻いたコイルの配置図は、興味深い。

　このコイルは試作して、丁寧にテストすることが望ましい。

　永久磁石とコイルだけの組み合わせで、電源なしで出力が得られれば、アンプの基本形になりそうである。

　この回路の前段に、アンテナとして、テスラコイルを使ってみたら、面白い結果が得られるかも知れぬ。

　この6角コイルの図は、EMAモーターにも、取り上げられている。
（『未知のエネルギーフィールド』p103）

ブースターコイル

コイル終端部の磁束を強めるために、ブースターコイルを巻く代わり

第3部　潜象エネルギーを顕象エネルギーに転換するには？

に、永久磁石を挟み込むことも考えられる。（極性 N－S に注意のこと）

　最近は、用途に応じて、各種形状の永久磁石が考案されているので、コイル終端部にうまくはめ込める永久磁石も可能であろう。

　ブースターコイルによるテストに、新しい試みをしてみたい。

　それは、コイル終端部（立体スパイラルコイルの終端部）のソレノイド型になっている個処にはめ込むブースターコイルに、電流を流したときと、流さないときの磁束密度の変化を、調べてみることである。

　このことは、WE 社のオーディオコイル（O/P トランス、I/P トランスなど）には、設計上、不必要と思われる余分な巻き線が、追加されているという話がある。

　これに関する資料がないので、即断はできないが、事実、巻き線は存在するようである。このような余分なコイルによって、現代電磁気学では、説明の付かない増幅作用（あるいは音質の改善など）が、経験的に得られた結果ではないかと思われる。（潜象エネルギーの顕象化）

　1 次コイルに電流を流すことによって、2 次コイルに誘導電流が流れるのと、同じ理屈かも知れないが、ブースターコイルに電流を流すときと、流さないときとでは、発生する磁束の強さ、磁気圧、磁気噴射など、どのように変化するかは、興味深いものがある。

　このブースターコイルや、永久磁石による磁場の強化が、磁気噴射にどの程度寄与するかは、是非実施してみたい項目である。

　雪の結晶や、石英のように、6 角形の形状が潜象エネルギーを集めやすいのだから、そのように配置したコイルを作ってみる。

　一番、分かりやすいのは、複数 6 角コイル・アッセンブリーであろう。ただし、それをどのようにして力に変換できるのであろうか？

　動力の変換装置が必要になる。得られた電圧を、出力アンプにつない

100

で増幅し、電力を得ることになる。高周波増幅となるので、送信用の真空管を使用するか、または、整流して、直流電力として、動力に用いるかである。第一段階としては、負荷を電球100ワット数個（5〜10）で測定してみる。

　いずれにせよ、水晶棒を使用するテストは、最後の最後に試みることにしておく方が安全である。
　ハチソン効果（ポルダーガイスト現象）が発生するのは、テスラコイルを利用していることから、水晶棒の前に、コイルによる潜象エネルギーの流入を、確かめておくことが先になる。

水晶の実験

　水晶の異方性について、『磁石の謎を解く』の中に、興味ある記述があった。
　「バリウムフェライト磁石の異方性についての説明である。バリウムフェライトは6方晶系の結晶であるが、成分の鉄が基になって強い磁性を持っている。この結晶は軸方向に磁化されやすい性質を持っている。等方性と異方性との残留磁気の大きさは、およそ0.6：1の比となっている」
　このことは6角形アンテナを作った際、コイルの中心方向に磁気ではなくて、潜象エネルギーがより多く集約されるものと考えられる。
　将来、6角アンテナを作る際の参考になると考えてよい。
　では、光ファイバーで、コイルを作ってみたら、どうであろうか？
　光ファイバーを芯線として導体コイルを作ってみる。そこに電流を流したら、どのようなことになるであろうか？（トロイダルコイルを作り、それをスパイラル型に巻いたコイル）非常に興味のあるテストである。

101

第3部　潜象エネルギーを顕象エネルギーに転換するには？

　帯電した水晶棒を僅か100ccの水の中でかき回したら、異常な力の場が発生して10フィートも飛ばされ、かつ、翌日強い放射を浴びたように黒く日焼けしてしまったという報告から、水晶棒が潜象エネルギー場の力の場を誘発したものと思われる。

　（『未知のエネルギーフィールド』多湖敬彦訳　世論時報社）

　光ファイバーは、石英ガラスであるから、うまく活用すると、潜象エネルギーの力の場を誘発できるかも知れない。（強力な紫外線発生の恐れがあるので、十分注意のこと）

　光ファイバーを銅線でコイルを巻くように作ってみる。これには電流は流せないが、何らかの潜象流が流れて、力場、あるいは磁場の発生が観察できるかも知れない。

　光ファイバーの実験がうまくいかなかった場合は、水晶棒の実験と、6角アンテナの実験に切り換える。

　強力な紫外線放射と、発生する力を押さえるために、水中での水晶の回転は行わない。

　その代わり、水晶に数回巻き付けたコイルに、低電圧の電流を流して、発生する力の場の状況をチェックする。磁場も測定する。

　水晶は電圧を加えただけ振動が発生することから、発振器として電子回路に使用されている。

　巻くコイルのターン数を増やすことや、加える電圧、電流（DC）も、徐々に増やしてゆくようにする。

　このように、段階的にテストレベルを上げてゆく方が安全であるとともに、この発生する潜象エネルギーを制御するやり方のテストにもなる。

　テストは、危険防止のため、水晶棒からなるべく離れて行う方が望ましい。

3重コイルの試作

　ムー文明では冷磁気が重力であると粘土板に書かれている。

　このことからの発想であるが、現代物理で言う磁気とは別の磁気を冷磁気と呼んでいるのである。この力は重力のことであるから、一方的な力、即ち、現代風に言えば磁気単極みたいな力である。一般的な磁気はNとSの2極であるから、これとは異なる力である。

　その前に、重複虚数空間の考え方を、思い出して頂きたい。

　前著で、潜象エネルギー空間を虚数空間で表示することを説明したが、これを多重コイルを使って表現できないかを考えてみたい。

　今考えているのは、3つのタイプの3重コイルである。

　ソレノイド型、トーラス型、そして、スパイラル型の3種である。

　一番判りやすいスパイラルコイルから始める。（後述3重テスラコイルと3重立体テスラコイルの項（p129）参照）

　スパイラルコイルに電流を流すと、その中心部に、法線力が発生する。これまでは、単純に立体スパイラルコイルそのものの重量を測定すれば、どれ位の法線力が発生しているかが分かると考えていたが、多少違うことも考えられる。それは立体スパイラルコイルそのものを浮揚させる事にはならないで、そのコイルの上部に発生する力かも知れないことである。この場合は、コイル上部の空間に物体をおいて、それに法線力が発生したことを示すような仕組みを考えなければならない。単純に言えば、この物体とコイルとを連結して、トータルの重量変化を測定することになる。

　これはマイスナー効果の実験で、超電導磁石に電流が流れていると、磁石の上に置いた物体が浮上するのと似ている。

103

第3部　潜象エネルギーを顕象エネルギーに転換するには？

　また、トルネードで、家や車が浮上するという事象は、CCW 方向の回転場に下にあるものを吸い上げていることになるので、ここでは吸引力（浮上力）が発生していることになる。

　コイルを単に2重コイルにして重ね合わせても、単純コイルの時よりも、大きな法線力を得られるであろうが、ここでは、3重のコイルを考える。

　例えば、CCW 巻のコイルを2個作り、重ね合わせるときに、2つのコイルの間に制御用の CW 巻のコイルを挿入する。

　そして、それぞれのコイルに DC 電流を流す。すると、コイルとコイルとの間に、微小な渦流が多数発生する。隣り合うコイルは、それぞれ、互いに逆方向の電流が流れているので、発生する渦流は増加する。

　このことは、微小な渦流の中心部に発生する垂直力の集積がトータルの垂直力の大きさとなるという考え方をすることになる。これは単にCCW のコイル2個を重ね合わせて、電流を流したときに発生する垂直力の大きさを比較して、判断することになる。

　例えば、互いに逆方向に流れる水流の境目に、水車をおいておくと、水車の回転が、1つの水流の中においてある水車の回転よりも、早くなるのと同じである。この場合は、法線力である。（このテストの時、一方にコイルに流れる電流を小さくすると、渦流の回転方向を決めることができ、垂直力の方向も決まる）

　これを、コイルに DC 電流を流して、同じ状態にしたのである。3重にする理由は、コイル内を流れる電流の方向を、互いに逆にすることによって、渦電流の発生を倍加させるためである。

　ここで言う渦電流は法線力というより、個々の微小渦の中心に発生する垂直力のことである。だから、法線力という言葉ではなくて、垂直力と言った方がよいかも。

　CCW – CW – CCW　という形にしておくと、これが期待できるからである。

104

トーラスコイルの場合は、3重にしても、発生する磁場が、コイル内にあって、物理学の理論上では外部へはでないので、果たして、うまくゆくかどうかは、実験してみないと、判らない。

　始めは大きなトーラスコイルの内部に小さなコイルを挿入してみる。この時、内部に入れるコイルは、その芯線に導体を用いてみる。この時、芯線も場合によっては、電流を流せるようにしておく。この内部トーラスコイルを、外側のトーラスコイルで巻いてみる。外側コイルにDC電流を流して、リング状の磁束を発生させる。この状態で内部のトーラスコイルと芯線に、どのような場が発生するかを調べる。（作り方は難しいかも？）

　さらに、内側（あるいは外側）トーラスコイルの芯線に、DC電流を流してみる。この時、外側（あるいは内側）のトーラスコイルには、電流を流さないで、様子を見てみる。

　コイルの配置について、もう一つ、試みたいことがある。CCWコイルを3個作り、正3角形の配置にしてみる。そして電流を流した場合、どのような磁場が発生するであろうか？

　直流の場合と、3φACの場合を比べてみる。普通に考えれば、回転電場になるが回転磁場が発生するかどうかである。あるいは、上向きの力場の派生が見られる可能性もある。

　この発想は「コラム2」えんぶり舞の太夫の動きからの発想である。

　さらに3個のコイルを追加してみる。そして、6角形の配置にしてみる。

　3個のコイルの結線はデルタ型と星形の2種類を試してみる。

　この時、電流は流さないで、しばらく様子を見てみる。潜象エネルギーの流入があるかどうかを、観察するのである。6個のコイルを接続してみる。どのような現象が発生するであろうか？電圧、電流の発生、あるいは磁場の発生など、または重量変化などを測定できるようにしておく。

第3部　潜象エネルギーを顕象エネルギーに転換するには？

　コイル群を秤に乗せて、重量変化があるかどうかを調べる。DC電流を流して同じように重量変化を確かめる。併せて、磁場の変化も測定する。

　DC電流では、位相差はないが、3φ AC に変えた場合、どうなるかを測定する。

　ここで、虚磁界とは、一体何かを考えてみる。虚数空間の考え方から言えば、潜象エネルギーを、i で表したとき、これが合成された場合、-1 になる現象ということになる。

　これが普遍的な力の場、即ち、重力として、捉えられていることになる。つまり、場に発生している力であることになる。

　このような取り決めをすると、顕象エネルギーとしてみた重力場の符号が逆になる。とすれば、（i の 4 乗）= 1　のように、（潜象エネルギーの 4 乗）ということになる。

　従って、場に存在するすべての物質はその力を受けることになる。

　このような考え方が成立すれば、この場は重力場ということになる。コイルが CCW 巻であれば、反重力場になる。

　今は、重力の方向を + 方向として考えているから、虚数空間表示が逆になっている。

　自然現象としては、天体周辺に存在する潜象エネルギー界が回転して、その周辺に法線力を発生させていて、それが重力であるということなのである。

　天体周辺に存在する潜象エネルギー界の回転とは、逆の回転をすれば反重力、即ち浮揚力の発生となるという理論が導き出せるのである。

　例えば、同じ CCW 巻のコイルであっても、電流を流すとき、内側端子からプラスの電流を流し、外側端子にマイナス極をつないでみる。すると電流はコイルの内側から、外側へ向かって流れる。これでも発生す

106

る法線力は、逆向きになるのではないかと、考えられるが、これはダイバージェンスに当たるから、法線力の発生はない。

逆にエネルギーが拡散するので、コイルの温度は下がるかも知れない。

この考え方は、星雲が増大する仕組みによく似ている。星雲の中心部に向かって、侵入するエネルギーがあり、一方では、星雲は回転しながら膨張してゆくメカニズムに、よく似ているのである。

前著『潜象エネルギー空間論』の中に、「渦巻き銀河とその加速エネルギー」の項の中で述べたように、渦巻き銀河の外側の速度が内側の速度とさして変わらない理由として、アインシュタインの理論「ダークマターの存在」ではなくて、次のようなことが考えられる。

顕象渦巻きに対応して、潜象界の巨大なトルネード型潜象渦巻きが発生する。なぜ発生するかについては、場の平衡を保つためである。地上に発生するトルネードには、その中心付近に渦巻き平面に垂直な方向に力が発生する。この鉛直力が発生する力の方向はどちらに向かうであろうか。実際に観測されたところによると、上向きの力（地上からものを吸い上げる力）が発生している。

これをそのまま渦巻き銀河に当てはめてみると、前著『潜象エネルギー空間論』に記載した図のようになる。

地上のトルネードの場合は、漏斗場の細い部分から昇ってきているので、そこのところで渦巻きの径が一番小さくなる。このような状態で地上から空中へ向かう力が発生する。

渦巻き銀河に対して発生する潜象トルネードは、これとは逆に外側から渦巻き中心に向かう力が発生する潜象渦である。

この潜象渦を輪切りにした図で説明する。

潜象エネルギーは、この渦の中心部に向かって流れ込み、ここにエネルギーが集中する。このエネルギーは渦巻き銀河の外側程大きく、内側

第3部　潜象エネルギーを顕象エネルギーに転換するには？

にゆくにつれて小さくなる。そしてこのエネルギーは周辺の恒星に吸収されて、恒星の運動量が大きくなる。

つまり、外側の恒星の速度を加速させることになる。この加速の量が外側ほど大きく、内側ほど小さい。

この潜象エネルギーが結果的には、外側の恒星の回転速度を上げて、内側の回転とさして変わらなくさせているのである。

では、マイナス重力、すなわち浮揚力を得るには、この潜象エネルギー

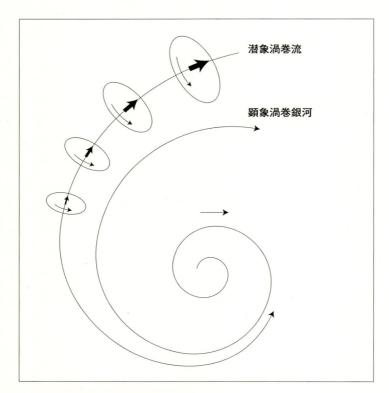

図6　顕象渦巻銀河と潜象渦巻流
図面上は、顕象渦巻銀河と潜象渦巻流とは、重なっていると考えられる。
2つの渦巻流があることを判りやすくするため2つの渦流に分けて示した。

の回転方向と逆の回転をする潜象エネルギー場を創り出してやればよい
ことになる。

　一番判りやすいのは、法線力ということになる。前に述べたとおり、
ムー文明の冷磁力とは繋がらないが、重力を発生させる潜象エネルギー
場の回転がCWであれば、CCWの回転を潜象エネルギー場に与えれば、
反重力すなわち浮揚力が得られることになる。

　では、石英（水晶）を利用した、ストーンサークルとか、ピラミッド
というのは、どのように潜象エネルギーに作用するのであろうか？

　石英を利用した潜象エネルギー場の操作というのは、目的に応じて、
潜象エネルギー場の回転場を創り出してやればよいことになる。

　ここで、ピラミッドを考えてみる。ピラミッドは石英を使って、潜象
エネルギーを集めることはできるが、これだけでは潜象エネルギーの回
転場は創れない。

　だから、集めたエネルギーを利用するには、別のシステムが必要にな
る。そう考えると、ギゼのピラミッドでも、今は砂に埋もれて影も形も
ないが、その周辺に必ずストーンサークルが、存在するはずである。

　今はピラミッドの周辺の砂に埋もれているストーンサークルが存在し
ているかも知れないのである。探してみてはどうかと思われる。

　これがないと、せっかく集めた潜象エネルギーの使い道がないことに
なるからである。

第3部　潜象エネルギーを顕象エネルギーに転換するには？

コラム　1
メリーゴーラウンド回転場

　3重コイルの話を前に書いたが、ここでそれを拡張してみたい。考え方としては、子供の遊技場にあるメリーゴーラウンドの形である。ここでは子供が乗って遊ぶ木馬が、同心円状に配置されている。そして、動くときは、同心円に配置された木馬が、それぞれ順方向に回転する。外側の木馬が左回りの動きをするときは、その隣の木馬も左回りに回転する。さらにその内側にある木馬も同じである。

　しかし、この配置の場合、お互いの木馬がそれぞれ逆方向の回転を得ると、交錯する速度が2倍になるので、子供の場合は危険を伴う。安全性を考えると、同一方向に回転する方がよい。

　ところで、この考え方をコイルに適用してみる。少なくとも4組のコイルを作り、同じような回転をさせてみる。

　どういうことかというと、ソレノイドコイルを同心円状に配置する。そしてコイルに電流を流してみる。

　すると、コイル平面上に、微小な渦流が発生することになるから、鉛直方向に向かう力の場が発生するものと考えられる。

　ソレノイドコイルがスパイラル型にはめ込まれたコイルになる。この発想は面白い。このコイル群で、鉛直力（法線力）がどの程度の大きさになるかを調べてみる。このようなコイル構成にして電流を流すと、それぞれの電流角速度が異なるから、渦流による垂直力の発生も多くなると考えてよい。

　この垂直力の発生をより有効にするには、4個のコイルをさらに10個ぐらいまで増やしてみるのも一法であろう。

　それで、4重のメリーゴーラウンドで同一方向に回転する場

110

合を考える。

　円の中心部に近い程角速度は大きくなるから、4重のコイルを作り、それぞれ電流を流すと、コイル内の電流の角速度が異なるので、相互間に発生する渦流は多くなる。従って、そこに発生する垂直力も多くなる。この形のものは大きな垂直力を得るのに適していると考えることができる。

　また、メリーゴーラウンドでは、木馬は上下に動きながら進むので、これを参考にすれば、AC ということになるが、留意すべきことは、潜象流の場合は、AC というより、波動でいわゆる電気の AC とは違うことである。一方向へ進む波動なので、交流電気とは異なる進行性の波動である。

　もう一つの試みは、トーラスコイルである。同じように、4個のトーラスコイルを作り、同心円状に配置する。流す電流も、ソレノイド型と同じようにする（DC の方がよい）。そして、現れる力の場の状態を確認する。磁場と力の場である。コイルの径は、内側にゆくにつれて、小さくなる。（現象を顕著に検出するには、4組よりも3組コイルの方がよい）

　この2組のコイルアッセンブリーのテストは、なにやら面白そうである。

　トーラスコイルは、空芯ではなくて、鉄芯にする。鉄線を数本束にして、それに導線を巻き付ける。最初は直線状の鉄芯を作り、それに導線を巻き付けてから、それを曲げて円環状にするのがよさそうである。

　これは、平面状の回転場であるが、次には、立体型にする。立体型にするときは、コイルの巻き方は、同一方向にする。そして、電流は DC 電流を流す。法線力を得るにはこの方がよい。

第3部　潜象エネルギーを顕象エネルギーに転換するには？

コラム　2
　えんぶり太夫の舞からの発想

　古くからの言い伝えとか、伝承文化の中には、これまで科学的には解明されないまま伝えられているものが多い。伝統芸能もその範疇にある。これらに対しては神事に関するものとして、科学は介入しないのが一般的である。しかし、よく考えてみるとなぜこのようなものが伝えられてきたのか、興味深いものが多い。それらの中には思わぬヒントが隠されていることがある。えんぶり舞もその一つである。

　青森県八戸地方に伝わる国指定重要伝統芸能の舞である。「えんぶり」の名称の由来は、「朳（えぶり）」という農具の一種で苗代を作るときに用いるものである。八戸地方の春を呼ぶお祭りである。八戸市内の高羅山神社に参詣して、その年の豊作を祈願することから始まる。立春を過ぎた2月17日のことである。この地方の各部落から集まったえんぶり組は、神社に集まり豊作を祈り、街中に一斉に繰り出してゆく。年によって違うが、20組以上のえんぶり組が集まる。3人一組の太夫の舞がその中心となる。中には5人一組の時もある。この舞は朳（えぶり）を使って、苗代をかき回すような仕草をしたり、互いに回りあってえぶりを上方にかざすような舞になる。この太夫の舞の他に、子供たちが舞う恵比寿舞や、大黒舞等、数種類がある。これらの舞はとても可愛らしくて、観客の拍手が湧く。

　この太夫の舞は CCW 回転である。個々が CCW であり、全体も CCW 回転である。

　これをコイルで作ったら、どうなるか？

　電流を流した場合と、流さない場合の場の状況を考えてみる。

112

外側にも、環状コイルを作り、CCW巻とする。このコイルに電流を流した場合、環状内に発生するエネルギーの場は何か？　一般的には、上向きの磁場であるが、その中に、3個のコイルを置き、それに電流を流すとどうか。

　現代電磁気学上から考えられる装置を作り、潜象エネルギー流入の検証を行う前に、実電流と磁場で一応確かめるためである。

　これはまた、テスラコイルで潜象エネルギーを誘起させることができる理由を考えることに繋がるからである。

　一見、役に立たないテストにみえるが、実電流と磁場による力場と対比することにより、潜象エネルギーによる力場の状態を推測するのに、役立つであろうと思えるからである。

　ごく単純に考えて、環状コイルに流れる電流によって、このコイル面に垂直な方向に磁場が発生する。

　この磁場の中にある3個のコイルに電流を流すと、発生する磁場と直交する電流となる。すると、これらの平面に対して垂直な方向に力が発生することになる。

　これは電磁気学上は、ちょっと無理な話であるが、別のエネルギー場が発生する可能性もある。ここでは、3個のコイルのCCW回転に伴って、上向きの力場発生の可能性もある。

　内部のコイルは、原理的には1個でもよいのであるが、えんぶり舞からの発想なので、3個のままとした。1個と3個との違いについては後ほど考えてみる。より強力な垂直力が得られるのではないかと思える。

　CCW回転から、中央部に別のエネルギーが発生し、集中する。それが側面図のように、上昇するエネルギーとなる。

　磁気ポールに集められたエネルギーを、どのようにして電気

113

第3部　潜象エネルギーを顕象エネルギーに転換するには？

力、あるいは力に転換できるか？　その仕組みとは？

　デルタのもう一つのコイルを必要とするのではないか。（磁気ポールに強磁性体のものを用いたときと、永久磁石にした場合、または磁石の代わりに、巻き線として、電磁石にした場合）

　図のようにコイルを配置すると、2重の回転場になる。この時は、Aコイルの電流と、Bコイルの電流とは、同じ向きに、CCWの流れにしてみる。A、Bコイルの間には、渦流が発生するので、これによる法線力が発生するはずである。

　Bコイルは回転させなくてもよい。電流を流すことによって、回転と同じ場を発生させることができるからである。

　この程度の実験であれば、大きな力場は発生しないので、基礎実験としては可能であろう。

　また、外側コイルと、内側コイル3個をCCW方向に、回転させる試みを行ってみる。ジャイロと同じ考えである。潜象流の流入が増える可能性がある。

　A、Bコイルの間隔は、できるだけ小さくする方がよい。これは流体力学からの渦理論をベースにした考え方であって、フレーミングの法則とは異なる結果になりそうである。

図の説明

　A電流とB電流は同じ向きにする。

　これで（C）のような磁束の流れを創ることができないか？

　もしできれば（C）をよぎるようなもう一つのコイルを挿入するとすれば、この紙面に垂直な方向へ力場が発生する。このテストは面白い結果を得られそうである。

　Aコイルの電流の向きを逆にしてみると、どうであろうか？

　場の状況としては、A、B間のフリクションは、増大するこ

とになるが（単に、発生する磁束の方向が変わるだけで、意味がないかも）、この場合、どちらを CCW にするかは、テストの結果による。

　流体力学による渦理論の法線力と、電磁理論による垂直力とは力の発生方向が違うことに注意。（秤の上に平板を置き、その上にすべてのコイルを置き、トータルとしての重量の変化を

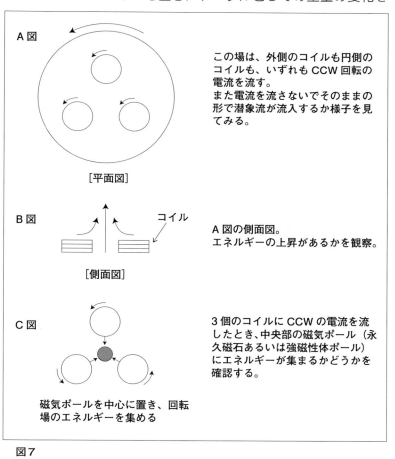

A図
この場は、外側のコイルも円側のコイルも、いずれも CCW 回転の電流を流す。
また電流を流さないでそのままの形で潜象流が流入するか様子を見てみる。

［平面図］

B図
コイル
A図の側面図。
エネルギーの上昇があるかを観察。

［側面図］

C図
3個のコイルに CCW の電流を流したとき、中央部の磁気ポール（永久磁石あるいは強磁性体ポール）にエネルギーが集まるかどうかを確認する。

磁気ポールを中心に置き、回転場のエネルギーを集める

図7

第3部　潜象エネルギーを顕象エネルギーに転換するには？

測定する）

　この舞からの発想は、本質的に、潜象エネルギーから力場を発生させることを目的としている。従って、測定するには、準備が十分ではない。

　そのため、取り敢えず、実電流でその可能性を探ってみることになる。

　コイルに実電流を流して、磁場の発生状況と力場がどのように発生するかを確かめる。

　図7の平面図では、電流同士の状況なので、論理的には何とも言えないが、仮に外側のコイルの代わりに、円環磁石（永久磁石）を使ったら、どうなるであろうか？

　この場合、トーラス磁石の中心部へ向かって、磁力線を発生させようとするには、工夫が必要である。例えば磁石の上面と下面に磁極を作るものと、磁石の内側と外側に磁極を作るものなどが考えられる。

　単純に、中心部にコアとなる鉄芯磁石を設置すれば、磁力線は外側磁石から中心磁石へ流れるようにすることはできる。この中心に設置する磁石が問題になる。なぜなら、磁気単極は現在のところ、できていないからである。

　小型のトーラス磁石にするしかないのである。これで外側磁石からの磁力線を全部、吸収できればよいが、問題がありそうである。

　それよりも、元に戻って、図7で円環コイルと、中にある3個のコイルとの組み合わせで、この平面に垂直な力を発生させることを考えた方が、よいように思える。

　それには、磁気ポールを中心部に置くことによって可能では

116

ないかを考えた方がよいのではないかという考え方もある。

　図7のＡ図の、外側コイルに電流を流すと、この環状内部には、上昇する磁場が発生する。

　この中に、3個の小さなコイルを置き、これに電流（DC）を流すと、磁場との関連で、一種の力場が発生することになる。しかし、この力場は磁束の方向からみて、上昇力とはならないことになるが、ではどの方向に発生するのか？　テストしてみないと判らない。

　前のページの図に戻って考える。

　Ａコイルに電流を流すことによって、円環Ａの中には、上向きの磁束が発生する。この磁束の中にあって、コイルＢに電流を流すと、どのような場が出現するであろうか？

　フレーミングの法則をそのまま適用すれば、円環内に発生した磁束Ａを切る形の電流が、Ｂコイルに流れる。

　この2つの電流と、磁束との関係から、これらに直角な方向に、力の場が発生することになる。これをそのまま適用すれば、円環Ａに向かう力場となる。

　円環の永久磁石とコイルの組み合わせを示す（図8）。

　二つの永久磁石を用いる場合、内側に置く小さい磁石と外側の大きい磁石とは、磁極を反対になるようにする。外側磁石の内側をＮ極にした場合、内側磁石の外側をＳ極になるように着磁する。すると、磁力線は外側磁石から内側磁石に向かって発生することになる。このとき、外側磁石の外側のＳ極にも、磁力線は走ることになるが、この磁力線を利用するには、もう一つの外側コイルが必要になるので、これは果たしてうまくゆ

くかは？である。

　なぜなら、相手になる磁極が見当たらないからである。内側と外側の磁石がくっつかないように、両者間にはスペーサーを挿入するとよい。

　では、円環コイル面に垂直な力を発生させるには、コイルBをどのように設置すればよいかを考えることになる。

　考え方としては、円環コイルに電流を流したら、常にコイル面に垂直方向に磁束が発生するので意味がない。円環コイルの中心から円環コイルの外側に向かうような磁束が発生すれば、よいことになる。

　B図は重力発生時のエネルギー力に似ている。A図は反重力方向のエネルギー力である。

　一番簡単な発想は、B図の場合、中心部にN極を配置し、円環部にS極を配置すればよい。発生する磁束を利用するには、中心部と円環部との間隔は、できるだけ小さい方が望ましい。せいぜい数センチ程度である。でないと、充分な磁束は得られない。すると、何も3つのコイルを設置するよりも、円環に沿ってコイルを巻き、それに電流を流してやれば、この平面に垂直な方向に力が発生することになる。

　円環磁石の厚みを10cm位にすれば、コイルの巻数（A×T　アンペアターン）も大きくなり、流す電流も多く取れる。

　では、これと作用が同じ電磁石を作ることができるか？　外側コイルの巻き方を逆にして、このような磁場ができるか？（少し難しい気がするが試みてみる価値はあると思う）

　図にあるような永久磁石を作るには、図8のような構造になる。このような永久磁石を作り、その上にコイルを巻いて、は

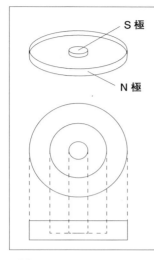

図8

め込むことになる。（図参照）

　外側の円環永久磁石（N）と、中心部の磁気ポール（S極）とすると、外側から内側へ磁束が流れることになる。そこへ回転する電場を置くと、CCWであれば上向きの力場が発生することになる。

　こうなるとえんぶり舞との関連はなくなり、別の発想になる。

　電磁石で磁場を作る場合、トーラス状コイル、大小2個を作り、外側コイルと内側コイルとで、巻く方向を逆にしてみる。このようなコイル間に磁場が発生すると面白いのだが、テストしてみないと、何とも言えない。現在の理論では難しい。それぞれのコイル内に、磁場は籠もってしまい、外部には出て行かないからである。

第3部　潜象エネルギーを顕象エネルギーに転換するには？

円環磁石の磁場に発生する力場

　これは潜象エネルギーのテストではなくて、現在の物理学で考えられるものである。
　直接潜象エネルギーには繋がらないが、円磁場を用いて円磁場に垂直力を発生させようという試みである。重量対発生推力の比が、重量＞発生推力となりそうなので、浮揚力には使えないが、単に推力として用いることはできる。
　この比率が1：0.3以上であれば、十分可能なことである。
　図9のような環状磁石の上面と下面に磁極がある場合、これにコイルを巻き、電流を流した場合、力はどの方向に発生するか？
　(1) トーラス状にコイルを巻いた場合（これは製作が難しい）
　(2) 環状磁石と同じように、円形コイル（ソレノイド）を重ねて、電流を流した場合、サンドイッチにしてみる。
　外側コイル（上下に挟んでみる）

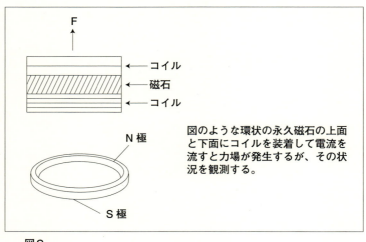

図9

上記 A と B とでは、上向き（または下向き）の力場が発生するのは
B 構造の場合であろう。この仕組みであれば、コイルの径や巻数をいく
らでも増やすことが可能なので、強力な力場を得ることができよう。
　実験としては、まずこれから始めた方がよいようである。

　このモーターで、上昇力（下降力）を得ることができるかテストする
こと。
　コイル 1 とコイル 2 は、CCW と CW にする。同じ巻かたでは出力は
出ないこともありうるので、図を見て考えること。
　円環状磁石が入手できれば、最もやりやすいテストになる。
　これであれば、浮揚力として利用できる。（例えばフェライトのよう
な軽量の永久磁石と、コイルにはアルミ材を用いるなど）
　では円環磁石と同じ磁場を発生する電磁石は創れないかという話がで
てくる。
　これには、円環状の強磁性体（鉄、コバルトなど）に、トーラス状に
コイルを巻く。このコイルに電流を流すと磁場はどうなるかを調べる。
（可能性はこちらの方か）
　もう一つのやり方は、ソレノイド型のコイルを作り、電流を流すと、
コイル内に磁場ができる。この磁場に直交するコイルに電流を流すと、
どうであろうか？
　この考え方は、ソレノイド型コイルの内部にもう一つのソレノダイル
コイルを挿入することになり、磁束とコイル電流は直交することになる
ので、可能性は充分にある。
　推力モーターとして利用するには、円環磁石のどの面に着磁させたら
よいであろうか？
　円環磁石の磁場を、もう少し詳しく調べてみる。
　トーラス状の外側と内側に磁極がある場合、磁力線は矢印の方向に流
れる。

第3部　潜象エネルギーを顕象エネルギーに転換するには？

　平面図でみる方が判りやすいが、磁力線がこのように流れると考えた場合、この磁力線と直交する電流を流してやるには、この磁石の上面と下面に、それぞれソレノイドコイルを置いてやるとよい。

　すると、このトーラスの平面に鉛直な方向に、力場が発生することになる。

　このあたりは従来の電磁気学の範囲になるが、もう一つの場合を考えてみる。

　トーラス状の永久磁石の上面と下面に、磁極がある場合である。

　この場合は、トーラス磁石の外側と内側に、ソレノイドコイルを配置することになる。

　この時、上面と下面では、コイルの巻き方を逆にするか、または電流の向きを逆にする。

　磁力線の方向は、上と似たような形で流れることになるが、これだと、発生する力場の方向は違ってくることになる。

　推力モーターとしては、上図の方が適当であることになる。

　ただし、磁力線の方向は似ているので、A図と同じように、B図についても、実証する必要がある。

　いずれの場合でも、コイルの巻き線は、CCW、CWと、違う巻き方にしないと、発生する力の方向が合致しなくなるので、注意のこと。

　これを確かめるために、コイルは片側ずつ配置して、電流を流して、力の方向と大きさを、確かめる必要がある。

　(1)　トーラス状の強磁性体の上面と下面

　(2)　トーラス状の強磁性体の内側と外側

　最初の考え方は、(1)であり、この円環磁石の上面と下面に、CCWコイルと、CW巻コイルを、取り付けることであった。

　この考え方は、図で示すように、磁力線が上から下へ流れるのに対して、それと直交する電流を流すことによって、円環面に垂直な方向に、

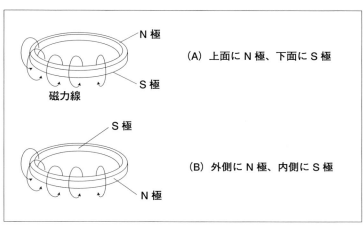

図10

推力を発生させようという考えである。

これに対して、(2)では、コアになる磁石の外側と内側に、コイルを配置することになる。

(1) の場合の永久磁石の磁極：図中 A
(2) の場合の永久磁石の磁極：図中 B

いずれも、磁力線を有効に利用できるところに、コイルを配置すればよい。

例では、(1) の場合は、コイルを上下面に配置したし、(2) の場合は、内側と外側に配置した。

上下か、内外かは、(1) でも (2) でも、測定してみないと、結果は出ない。

永久磁石とコイルの配置は、発生する推力次第で決定される。推力の測定は秤を使用することになる。

第3部　潜象エネルギーを顕象エネルギーに転換するには？

コラム　3
　　花と渦巻き

　自然はいつも私たちを楽しませてくれる。
　殊に、花は春夏秋冬、四季折々の花を咲かせる。その花の形も色も、それぞれ独特であり、一つとして、同じ形や色合いではない。花の大きさも異なるが、小さくても可憐な花もあるし、大輪に咲き誇る花も、それぞれの美しさを持っている。大自然は本当に不思議な世界である。
　ここでは、これらの花々の中で、椿の花を取り上げたい。椿は、大抵冬から早春にかけて咲く花である。シンプルなものは、五弁の椿と呼ばれる五つの花弁を持っている花である。八重の椿、花芯が大きいもの、赤、白、混じりの色など、その種類も多い。
　私が住んでる家の庭にも、色々な椿が植えてある。毎年見慣れた花なのであるが、今年はその一つに目がとまった。
　妻が花瓶に一輪差しにしてくれた椿である。大ぶりの八重咲きの椿であるが、美しいなと思い、じっと見ていて気がついたことがあった。
　それは花弁のつきかたであった。八重咲きであっても、大抵は、同心円状に幾重にも花びらが付いている。
　目にとまった花は、花びらの付き方がこれとは全く違っていた。花びらが渦巻き状になって、外側から花芯の方へ巻き込んでいたのである。
　しかも、それが左まきの渦状になっていた。左まき星雲のように、中心へ向かって収斂していた。
　このような花弁の配列には、今まで気がつかなかった。新しい発見であった。この花を眺めていると自然のエネルギーを左

124

巻渦状の花弁の配列で中心部へ取り込んでいるように見えた。

　今、私は潜象エネルギーの研究をしているが、庭の椿の花は、それを教えてくれたようであった。

（1）一つの試みとして、WE の縒り線 2 本組みでスパイラルコイルを作り、これに DC 電流を流して、磁場の発生状況をみる。ともに極性は同じにする。（人体の細胞構造に似ている）

　この形で電流を流さないとき、磁場が発生するかどうかも確かめる。

（2）スパイラルコイルを作るのに、一つ新しい考えが湧いた。2 重螺旋構造である。

　鉄芯に導線を巻き付けたものでスパイラルコイルを作ってみる。勿論左巻コイルである。トロイダルとスパイラルの 2 重巻コイルコイルである。これに DC 電流を流してみる。こうすると、磁場や力場の発生状況が違ってくるのではないかと考える。

（3）これを立体スパイラルにして力場の発生状況を調べてみる。

【重要】これらのことを始める前に、基本的なスパイラルコイルを作り、DC 電流を流したときに、発生する磁場、および、力場（法線力）の状況を測定してみる。芯線に、光グラスファイバーを用いる実験もやってみるが、これは潜象エネルギーを取り込むことになるので、要注意である。

　最後の試みとしては、光ファイバーグラス（石英線）で 6 角コイルを作り、潜象エネルギーの集約ができるかどうかである。

　ただしこの試みは現在のところ、制御が全くできていないので、この制御装置を先に考えなければならない。要注意である。

　このコイルに電流を流した場合は、一体、どんな場になるのであろうか？

第3部　潜象エネルギーを顕象エネルギーに転換するには？

　（1）トロイダルコイルを用いて、ソレノイド型に巻いた場合（上下に巻いたコイル）
　（2）同じくスパイラル型に巻いた場合（輪状に巻いたコイル）

　この（1）（2）は、いずれも2重コイルになるが、発生する磁場（磁束）はそれぞれ異なってくる。
　（1）の場合、発生する磁束は互いに直交するが、これを取り出すことは現代物理学の理論では、必ずしも可能ではない。しかも、ソレノイド型によって発生する磁束を、利用するための方策は？である。
　（2）の場合は、スパイラル型によって発生する磁場は、このコイル平面に垂直である。
　問題は、トロイダル型の内部に発生する磁束との関係である。
　これは、変形して立体スパイラル型に作ることもできる。この場合は、法線力も期待できる。

　以上の発想の基になっているのは、電流を媒介して互いに直交する2重磁場を作れないか、そして、そこに発生する力場は何か？を、調べることにある。
　電流と磁場による力場の発生ではなくて、磁場（磁束）と、磁束による力場の発生が可能であるかを、調べる事なのである。
　電流を流すときも、別々の電流になる。あるいは、外部コイルのは電流を流さないかの、いずれかになる。これもあり得るケースである。
　いずれにしても、二つの磁場（磁束）が、直交するか並列になるかであるが、二つの磁束で電流の場合のように力場が発生するかが、焦点となる。

126

立体磁束流構造

　これまでの立体スパイラルコイルは、電流を用いたものであるが、こ
れは、磁束流の螺旋流による場の話である。果たしてこのようなことが
できるか難しいのであるが、この場合どのような力場が発生するであろ
うか？　このコイルは、もちろんCCW巻の螺旋構造である。

　これを作るには、鉄芯（何本かの鉄線を用いる）に銅線を巻いたトー
ラスコイルで、これに電流を流して、コイル内部に磁束を発生させ、立
体磁束流を創り出したものである。

（1）一つの試みとして、縒り線2本組みで、スパイラルコイルを作り、
これにDC電流を流して、磁場の発生状況を見る。ともに極性は同じに
する。（人体の細胞構造に似た形）

　巻きやすいようにするには、コアの一部をカットして巻き付け、巻き
終わったら開口部を閉じる。

　この形で電流を流さないとき、磁場が発生するかどうかも確かめる。

（2）スパイラルコイルを作るのに（2重螺旋構造）鉄芯に導線を巻き付
けたものでスパイラルコイルを作ってみる。もちろん左巻コイルである。

　トロイダルとスパイラルの2重巻コイルである。これにDC電流を流
してみる。こうすると、磁場や力場の発生状況が、違ってくるのではな
いかと考える。

（3）これを立体スパイラルにして、力場の発生状況を調べてみる。

　また、光ファイバーグラス（石英線）で、6角コイルを作り、潜象エ
ネルギーの集約ができるかどうかである。

　ただし、この試みは現在のところ、制御が全くできていないので、こ
の制御装置を先に考えなければならない。

第3部　潜象エネルギーを顕象エネルギーに転換するには？

2 重磁場

　現在の電磁気学では、電流と磁場との相互作用による、力場の発生をうまく利用している。
　ここでは、磁場と磁場との相互作用を考えてみる。
　互いに直交する磁場同志では、力場は発生しないのかを確かめるのである。
　このテストには、トーラス状コイルとソレノイドコイルを用いてみる。ソレノイド型に巻いたコイルに電流を流すと、コイル内部に磁束が発生するが、一本の導線の場合、導線から放射状に磁場が発生する。
　このソレノイド型コイルと、トーラス状コイルとの組み合わせで、互いに直交する磁場を発生させるのである。
　これには２つのやり方がある。
　この発想の元は、岐阜県高山市にある日輪神社で視えた潜象日輪である。
　目を閉じたとき、円形の光が視えた。他所ではなかなか視えない光である。電波のリサジュー図形では、波長が同じで同相の場合、直交する波動が合成されると、円形になるのと同じ理屈である（図11）。

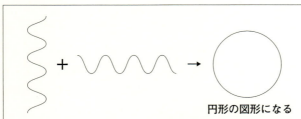

円形の図形になる

このような場合、この平面に垂直な方向に力の場が発生するか？
電気と磁気の場合は発生するが、磁気同士の場合はどうであろうか？
もしかして力場が発生したら、ムー大陸文明でいう重力（冷磁力）を解明する手掛かりになるかもしれない。

図11

この場合は、潜象磁場ではないが、二つの潜象光（潜象波）が互いに
直交した状態であると考えた。

　ただし、電磁波というように、磁波は振動しながら空間に伝播してゆ
くが、電流が導体の中を流れるのに対し、磁束は大分違っている。磁束
は磁極間にしか現れない。透磁率の高い磁性体を用いても、電流のよう
にはいかない。狭い磁極間ギャップに現れる磁力を利用するか、あるい
は磁性体にコイルを巻いて電流により発生した電気を利用するくらいで
ある。誘導電場や磁場がその例である。
　そこに発生する磁場、あるいは電場は互いに直交する場となる。リン
グ状永久磁石を用いて、このリングの外側と内部に、着磁させて磁極を
設ければ、やりやすいかも知れないが、垂直力を発生させるには、片方
の永久磁石を回転させることになる。
　いずれにしても、2つの磁場から力場をひきだすのは、これまで誰も
やっていないので、新しくテストを必要とする。

3重テスラコイルと3重立体テスラコイル

　ここで、テスラコイルの拡張を考えてみる。
　この試みはテスラコイルよりもさらに潜象エネルギーを呼び込むこと
になるので、発生する力場もさらに大きなものになるのではないかと予
想される。
　従って、このテストの前に、テスラコイル（2重スパイラルコイル）
に発生する力場の制御のやり方をちゃんと行ってから、実施することが
大切である。
　前提は以上であるが、コイルの接続については次のようになる。
　1番目のテスラコイルの終端部（径が一番小さくなった部分）からの

第3部　潜象エネルギーを顕象エネルギーに転換するには？

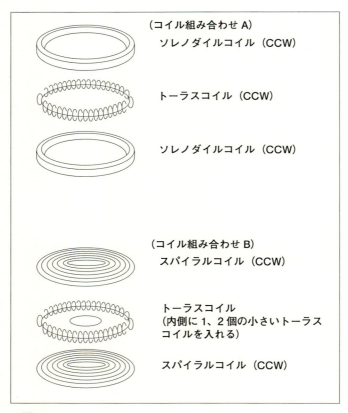

図12

　銅線を2巻目のテスラコイルの始点（径が一番大きい部分）に接続するのは同じであるが、さらにこの終端部を3巻目のスパイラルコイルの始点にこの個所を接続する。
　このような結線にすると、3重テスラコイルがができる。この状態で、テスラコイルのテストと同じように発生する力場の状況を観察する。
　この後、3重立体テスラコイルを作り、同じようにテストを行う。そして、法線力の発生状況を観察する。
　またテスラコイルを2組作り、これを重ね合わせて、力場の発生状況

を観察する。

このときの結線状況は、パラレルにしてみる。3重テスラコイルでテストしているから、シリーズにする必要はない。

この2組のテスラコイルを立体形にした場合は、法線力の発生はどのようになるかについても、テストしてみる。

以上が拡張型テスラコイルのテストの概略である。

ハチソン効果のテストでは、大小2個のテスラコイルを作成して、12フィートの間隔を置いてその間に強力な力場の発生を観察している。今回のテストでは、高電圧のテストではなくて、電流値を変化させて、実施することになるので、ハチソン効果テストとは異なっている。

また、大小2個のコイルは設けない。理由はスパイラルコイルに電流を流したとき、発生する法線力を観察することを主眼にしているからである。従ってその結果も違ったものになると予想されるが、強力な力場の発生には注意して、慎重にテストを行って頂きたい。

潜象エネルギー場（水晶による実験）

このあたりで、水晶による潜象エネルギー場の組み合わせを考えてみたい。互いに直交する潜象エネルギー場では、どのような現象が発生するであろうか？

波動であれば、光や電波のように、干渉による現象が発生することになる。

潜象エネルギー場をどうやって検出するかは、現在のところできていない。

発生を知る手掛かりは、潜象回転場に発生する力場しかないので、他にないかを考えてみる。

131

第3部　潜象エネルギーを顕象エネルギーに転換するには？

　またさらに、2つの潜象エネルギー場をどうやって創り出すかを考えてみる。まず考えられるのは、水晶を用いた回路である。

　この場合、電気は用いない。純然たる潜象エネルギーの検出を行うことにする。基本的には、6角形になるように配置することになるが、これとは別に1つの例として、石英棒を3角形に組みあわせて、それを重ねて6角形を作ってみる。この状態でこの石組みの中心部、あるいは周辺部に顕象磁場の発生を観察できるか、または、この平面に垂直な方向に、力場が発生するかを観察する。

　3角形に組みあわせた石英棒の一方を平面上に回転させてみて、2つの石英棒組みに力場が発生するかどうかを見る。

　雪の結晶や石英が、潜象エネルギーを顕象化できるのは、なぜであろうか？

　最も簡単な発想は、その形が6角形であるというのが、顕象化の引き金になっていることである。

　石英棒を水の中でかき回したとき、予想もしない力場と紫外線が発生したという現象が、潜象エネルギーの顕象化を暗示させている。

　（注　なぜ紫外線が発生したと予想したのは、顔が日焼けしたように黒くなったという報告からである）

　このことから、次のようなテストを思いついた。

　石英棒にコイルを巻き、これに電流を流すことである。コイルは上から見て、CCW に巻く。最初は 10 回ぐらいから始める。電流の量を変化させて、磁場および、力場の発生状況を c'k する。

　次に、CW 方向巻のコイルで、同様のテストを行う。

　アンペア・ターンの考え方を取れば、磁場の強さを変化させるのには、電流を増やすか、コイルの巻数を増やすか、どちらでもよい。

　発生する力場の方向が不明なので、石英棒を垂直に吊った状態で、力

132

場の発生状況をみることになる。（恐らく、力の方向は、装置の横方向になる。上向きではなさそうである。通常のモーターとは、90度方向が異なると思える）

　ただし、これだけでは、現象の発生は確認できても、理論的な説明は得られないので、よく考えてみること。

　石英棒へのコイルの巻き方あるが、1つは石英棒に沿って巻きつける方法、もう1つはスパイラルにCCW巻きをして、その中央部に石英棒を差し込むやり方である。どちらが有利かは、テストの結果待ちである。

　また、スパイラルコイルを円形ではなくて6角形にしてみた場合、より効果が出るかどうか確かめてみる。

　力場は石英棒の上下方向に発生すると予想される。

　これらのテストの目的の1つとして、潜象エネルギー流がコイルの電流（顕象エネルギー）によって誘起されるのではないかということを確かめることである。

　渦巻き電流によって潜象エネルギーが誘起され、それに伴って力場が発生することが確かめられれば、潜象エネルギーを活用する手立てを見つける端緒になる。

　このテストは潜象エネルギーの流入によって、発生すると思われる力場、および、それに付随して発生すると思われる現象（例えば強力な紫外線）予測がつかないので、記述するのをためらっていたのであるが、水晶を用いたテストとしては、やっておかないといけないことなので、敢えて説明することにした。

　石英棒を用いたテストの内、最も注意をしなければならないテストの話である。

　次に、水晶柱を6個星形に配置して、その中心部に永久磁石あるいは強磁性体を置き、潜象エネルギーが集積するかどうかを観測する。

第3部　潜象エネルギーを顕象エネルギーに転換するには？

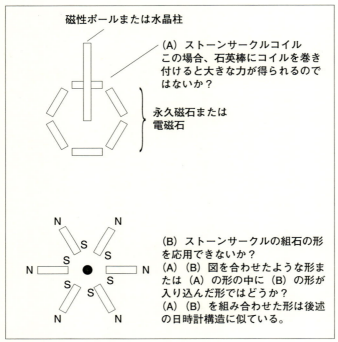

図13

　また、中心部にも、水晶柱をおいたものでテスとしてみる。この際、何らかの形で電流、ないしは電圧の発生に似た現象が観測されれば、その顕象エネルギーの活用が可能となる。力の場が発生する可能性もある。力の場を発生させるためには、水晶柱にコイルを巻いてみる。巻き方はCW、CCWの2つの巻き方のものを用意する。
　これに電流を流した場合と、流さない場合の状況を観察する。
　装置全体を秤に乗せて、重量の変化を測定する。電流はDCおよびAC双方とも用いてみる。
　ただし、強力な潜象エネルギー流入の可能性があるので、十分注意すること。

また、発生した力場をどうしたら制御できるかを考えてみる。もし、この装置に潜象エネルギーが流入したときにそのエネルギーを中断できるかどうかが、テストを継続させられるかどうかの鍵になると考えている。即中断できる準備を前もって考えておくことが大切である。(例えば、制御用としては、水晶棒2本位をCW巻のコイルを用いて、CCWコイルとは逆の電流を流すことにより、制御できるのではなかろうか？)

　2重磁場に関連して、興味深い記述をみた。『未知のエネルギーフィールド』にある「高い磁場と低い磁場」(p263)の話である。
　電圧の場合と同じように、磁場の場合も、磁束が流れるという前提で、磁気モーターの可能性について論じてあった。(N→NまたはS→Sでもできる話か？)具体的なものは何もないが、発想としては面白い。ちょうど、2重磁場のことを考えていたので、この可能性についても考えてみたい。
　このような二つの磁場に発生する磁束を用いて、モーターを作ることができるか？
　電流の場合と、話を入れ替えて考えてみると、モーターとして成立するには、電流を必要とするであろうか？
　前に述べた2重円形セグメントを用いて考えてみると、このセグメント(構造)の間にコイルを挿入し、これに電流を流すと、フレーミングの法則が成立して、推力モーターの力場が発生する。この平面に垂直な方向へ力場が発生する。
　2つの磁場として、前と同じようにN－Sを考える方が、強力磁場となるが、外側セグメントを強磁性体にしてもよいであろう。原理は同じなので、強いて高い磁場と低い磁場という表現でなくてもよいことになる。従って、前述の2重磁場とはコンセプトが異なる。
　前述の高い磁場と低い磁場という表現に関しては、次のようなことが考えられる。

135

第3部　潜象エネルギーを顕象エネルギーに転換するには？

　電気の場合、電圧の高いところから低いところに電流が流れる。水の場合も、水圧の高いとこっろから低いところへ水が流れる。

　同じ理屈で言えば、高い磁場から低い磁場へ磁束が流れることになる。

　この考え方をスパイラルコイルに適用すると、次のようになる。

　高い磁場というのはコイル終端のところになる。一方、低い磁場というのは、コイル径の大きいコイルの始点の部分になる。すると、磁束はコイル終端のところからコイル始端のところへ向かって流れることになる。つまり、電流の始端、終端とは逆の向きに磁束が流れることになる。本当にそうであろうか？（普通はこのようなことは発生しないが、潜象場の場合、その可能性があるか？）

　さらに言えば、コイルの終端がN極ということになる。

　このことを追求してゆけば、永久磁石の場合は、N極がS極よりもポテンシャルが高いことになる。

　ただし、一般的には、電場の場合とは違って磁場の場合は大分様子が違ってくる。一応N極からS極に向かって磁束は流れるとは言っても、N極とS極符号は逆だが同じレベルの磁極である。磁力線がN極からS極へ流れる（走る）ということではあるが、それを電流の場合の導体のようなものは介在しなくて済むのである。鉄粉などはN極にもS極にも同じように吸引されて、くっついてしまう。その区別は電流の場合の＋極、マイナス極とは異なっている。

　また、水の場合の水圧とも違っているので磁場のポテンシャルというのは、中々理解しにくいものである。将来、磁気単極装置が実現すれば、磁場のみによる力場の活用が考えられることになる。

　コイルに電流を流した場合、ソレノダイルコイルと違って、スパイラルコイルでは、磁束の流れが逆になると言う理屈になってしまう。これは正しい結論なのであろうか？

　ここで言えることは、立体スパイラルがCCW巻きであるとそこを流

れる電流によって生ずる法線力は、台風やトルネードの場合と同じように、反重力の方向に発生することになる。

　ここで台風やトルネードの場合を考えてみると、次のようになる。
　台風や、トルネードの眼の付近は、気圧が最も低いところである。ここに上向きの法線力が発生する現象がある。この説明ではどうなるのであろう？
　これらの諸現象の答えは、実際にスパイラルコイルに電流を流して、磁場の強さや、法線力の発生状況を測定してみないと結論は出ない。
　台風やトルネードで発生する法線力はこの理屈に合致しているのであろうか？
　ここに発生した法線力（上向きの力）とは、気圧の最も低い台風の目の部分が潜象エネルギー場としては、ポテンシャルの高い個所に転化して、そこに法線力が発生したと考えることになる。
　このように考えると、ここに発生する法線力の始点、つまり、ここが潜象力としては、最もポテンシャルの高い場ということになる。そして潜象エネルギー場が発生することになる。
　ここで考え方を変えてみる。台風の目のところは、気圧を見ると、顕象エネルギーの一番低いところであるが、ここで潜象エネルギーに転化したとき、局部的には、潜象エネルギーの一番高いところになると仮定すれば、それが法線力の発生理由と考えられることになる。

　アトランティス文明の原理を応用したピラミッドや、ストーンサークルで、潜象エネルギーを用いて石材等の重量物を浮上させ、運搬させる技術には、制御用の電気を別にすれば電気力を用いる必要がなかったものと考えられる。
　潜象エネルギーを用いて、直接浮上力を得ていたと思えるので、ここでは、電気エネルギーを除外して、回路を構成することを考えてみる。

第3部　潜象エネルギーを顕象エネルギーに転換するには？

　潜象エネルギーを引き出す方法として、次のようなことが考えられる。
・方法1
　　電場の回転による方法
・方法2
　　磁場の回転場による方法　回転磁場をスパイラルで作ったらどんな
　　力の場が発生するであろうか？　どうしたら回転場ができるか？
　　これは本当に作れるか要検討

　上記のいずれの場合も、用いるコイルはスパイラルであること、いわ
ゆる回転電場であるが、コイルの形状が異なる。
　（注）回転磁場は現在のモーターでできているが、これはソレノイド
型コイルである。

　方法2の場合、発熱しない電流による回転磁場であれば、効率が全く
これまでとは違ってくる。
　超伝導状態と似た状況になる。このような仕組みを作れば、常電導で
超伝導状態が作れる。これまで、回転磁場はできても、回転電場はなかっ
た。回転電場を創る方法を考えてみる。この方法は、スパイラルでなく
ても可能かも知れない。
　簡単に言えば、コイルではなくてコンデンサーを円形に配置すること
によって、回転場が作れれば簡単な回転電場は作れる。
　スパイラル型による鉛直力の発生とは違うが、試してみる価値はある。

　円形にコンデンサーを配置して、そこに、電流を次々に流してやる方
法である。
　この方法は、ストーンサークルの外帯環状列石に仕組みが似ている。
　これができれば、もしかしたら、中央部にエネルギー蒐集の仕掛けを

138

つくれば、エネルギーの蓄積、あるいは力場を発生させることが可能となる。

虚数空間表示について

前著で潜象エネルギー空間を表現するのに、虚数を使えないかを考えて、完全虚数空間表示のコンセプトを提示した。

虚数 i の特殊性を利用すると、多重潜象エネルギー空間を表現するのにも便利であろうと考えたからである。

この i の n 乗というように使うと、いくらでも潜象エネルギー空間を表すことができる。

なおかつ、$i^2 = -1$、$i^4 = 1$ という性質があるから、潜象エネルギー空間と、顕象エネルギー空間との関連性、空間の変換についても、表現できるのではないかとも考えている。

概括的に潜象エネルギー空間を表現するのであれば、これでよいのであるが、さらにこれを細分化するまでには至っていない。

ここでは、潜象エネルギー空間の細分化ができないかを考えてみたい。

顕象エネルギーである電気や磁気に対応するものとして、虚電気とか、虚磁気とか言ったものを考えることができるかということである。

つまり、iI（虚電流）とか、iWb（虚磁束）を考えることができるかということである。

例えば、$i^2I = -I$、$i^2Wb = = -Wb$ となるので、これは潜象電流の2乗は実電流になり、その流れの方向は I とは逆方向になることを表すし、虚磁束の場合も同じように考えるのである。

このような手法を用いれば、潜象エネルギーを記号で表すことができる。さらには i の n 乗という性質を用いれば、顕象界と潜象界との関連

139

第3部　潜象エネルギーを顕象エネルギーに転換するには？

性についても、記号で表せるのではないかと思う。ただし、現状では、テストが未実施なので、どのような係数を付加すればよいかは未知数である。

　しかし、アトランティス文明での潜象エネルギーの活用状況や、ハチソン効果の実験で現れている超物理現象のことをみると、潜象エネルギー界と顕象エネルギー界とは、密接に関連していることは間違いないのである。

　本著で述べている万有引力（重力）の世界についても、その発生理由を考えると、潜象エネルギー界の現象であることははっきりしている。

　ジャイロの回転場にみられる重力場の変化も、顕象界の力場が潜象界に影響をおよぼす一例と捉えてよいであろう。

　従って、実電気や実磁気を使って、虚電気や、虚磁気を誘引し、あるいは誘発することは可能であると考えている。

　このように、両者は、相互に密接に関わり合っているとみるべきである。元々は、潜象エネルギーが背後にあって顕象エネルギーの世界を支えていると言うことになるが、顕象エネルギーもまた、潜象エネルギー界に影響をおよぼしていると言える。

　台風やトルネードの場合を考えてみると、顕象界の回転場に伴って潜象界もまた回転場を持つことになると言える。

　顕象エネルギーの回転場に発生する法線力は潜象エネルギーと考えた方がよいのである。顕象エネルギーの回転場に、エネルギーの変換が行われて潜象エネルギーの力の場である法線力が発生する、あるいは、顕象界の運動エネルギーである回転力が潜象界の法線力という力の場に変換されると、考えてもよいでろう。

　このことについて、現代の物理学・「連続体の力学」のなかに述べてあることから、次のように考えられる。

140

非圧縮性流体の持つ全運動エネルギーについての検討はなされているが、圧縮性流体の場合、つまり、空気のような流体については定かではない。台風やトルネードの場合、中心部に近づくにつれて風速が増加するとともに空気の密度は段々低くなってゆく。そして眼の壁のところで一瞬にして風速はゼロになる。つまり渦の運動量はゼロになるというところでその先の解明はなされていない。

　一方、非圧縮性流体の場合は前に述べたように、流体が粘性によって失うエネルギー消散量は渦度の強さに比例し、エンストロフィーの2倍となると解析されている。

　しかし、圧縮性流体の場合の解析は、一例として台風の速度分布について、渦度との関係について述べてはあるが、依然としてエネルギーの消失についての説明はない。このようにどうして回転エネルギーが消失するのかは謎のままである。

　運動エネルギーの保存則を生かすと、どうしても別のエネルギーへの転換を考えることになる。ここに、潜象エネルギーへの変換が予想されるのである。

　2つの虚数が合わさると、マイナス1というように符号が＋から－に変化した数字になるが、これは潜象エネルギーが顕象エネルギーに変換されたとき、符号が逆になるものと考えられる。

　北半球では高緯度付近には偏西風が吹いており、この空気の流れは極を中心とした大きなCCWの回転流となっている。航空機で東京からサンフランシスコへ行く場合、この風に乗れるので予定より2〜3時間早く到着するし、サンフランシスコから東京へ行くときは、予定より2〜3時間遅く到着することになる。冬場は偏西風が強くなるので、この傾向が著しくなる。

　このように、潜象エネルギーの地球への流入はCW方向の回転で流

入し、いわゆる重力を発生させる。これに対して、地表の空気流は、偏西風にしても、台風やトルネードのように逆の CCW 方向の回転となる。全く逆方向の回転なのである。

　ここいらのメカニズムは興味のある命題である。

コイル形状を変えての潜象エネルギーの顕象化テスト

　ソレノイドではなくて、スパイラルコイルにする理由は、従来の交流を用いた電磁気理論ではなくて、流体力学渦理論をベースにした直流回路で発生する力の場を活用したいためである。

　スパイラルコイルに電流を流して法線力を発生させて、それを推力、あるいは浮揚力として利用するという考え方は、現在広く利用されている電気と磁気とを利用したフレーミングの法則によって発生する力場を用いた通常のモーターの原理ではない。

　渦理論を応用した電流のみで発生するモーターである。このモーターは電流渦を利用するものであり、回転力は発生しない。

　従来の電磁理論に拠らない力場であることに注目しなければならない。

　そしてそれは電磁気理論から、潜象エネルギーの活用の足がかりになると考えているからである。

　ここで確かめておきたい場の状態がある。それはこのコイルに直流電流を流したとき、発生する磁場の状態である。

　ソレノイド型ではコイルの内部に磁場が発生する。スパイラルの磁場は矢張りコイルの内側に発生するはずであるが、ソレノイド型の場合とは幾分違ってくるのではないかと思われる。

　なぜなら、スパイラルの場合、巻き始めのコイルの直径はコイル中心部の巻き終わりの部分では、その大きさが違うからである。

また流体理論に基ずく法線力の発生方向と逆方向になるので、このあたりの明確な区分が必要になる。

　同時に、コイル中心部に向かって力の場が発生するはずであり、その測定も必要となる。

　潜象エネルギーではないが、顕象エネルギーの直流モーターによる回転場の話である。

　スパイラルコイルに直流を流して回転場を創ったとき、発生する磁場と、回転場に発生する法線力とは方向が逆になりそうである。

　この場合、力の場としては、回転流によって生じた法線力になるが、発生した磁場をどう考えればよいかである。

　フレーミングの法則を考えれば、電流の方向と磁束の方向が直交する平面に回転場が発生し、その平面に垂直な方向に力の場が発生することになる。

　あるいは、電流を流したコイルの上面に、電流を流さないコイルを置くと、このコイルは回転することも考えられる。またこの両者の間に鉄芯を入れたらトランスと似た効果が発生するであろうか？

　回転場が発生するようなことがあれば、それをそのまま車輪が回転するように利用することもできる。また、垂直力を利用するのであれば、これはそのまま推力として利用することができる。

　回転力を利用するのであれば、発電機にも用いることができる。このことは何を意味するかというと、このコイルには潜象エネルギーが流入しているか、あるいは、フレーミングの法則によらない磁場の発生があり、それは潜象エネルギーが磁気エネルギーに変化したと考えるべきものであろう。つまり、前著で述べた潜象エネルギーの顕象エネルギー化は、磁気によるという話になるのである。

　スパイラルコイルを使用することになれば、このコイルの諸元、即ち

143

第3部　潜象エネルギーを顕象エネルギーに転換するには？

電流を流したときに、発生する磁場の状態や、力の場の状態について、基本的なデーターを採取しておくことが肝要である。特にこの場合は、直流なので、交流理論に基づく回転場理論は使えない。新しい理論が要求される。

　世の中に直流モーターは存在しているが、スパイラルコイルを用いたものはないので、直流とこのコイルとの組み合わせデーターも必要となる。

　具体的な検討を行っていないので、推測でしかないが、このコイルを用いる回転場の創成というのは、平たいコイルを２枚合わせて、その間に発生する力を利用することになると思われる。つまり平たい２枚のコイル面に発生する磁力によって、電流を流さない方のコイルに回転力が生じるのではないかということである。

　この時、２つのコイルの間に強磁性体の平たい鉄芯を入れると、トランスに似た発想となるので判りやすい。ただし、これだけでは力場は発生しないので、もう一工夫必要になる。

　スパイラルコイルの中心部には、鉛直力が発生するので１次コイルと鉛直力との相互誘導によって、２次側スパイラルコイルに、電流が発生するかも知れない。

　もう一つは、従来の理屈には合っていないが、２次コイルにコイル中心部から＋の電気を流したら、何やら面白い現象が起こるのではないかという期待もある。

　この方法は通常の電磁場で発生した力を抑止する、つまり、ブレーキとして使用することもできる。

　エジソンと並んで有名なテスラの実験の中に、電気自動車がある。

　以下のことは噂でしかないが、数本の真空管とアンテナを備えた車で、

144

100km/h 近くの速度を出していたという。この実験の詳細は不明であり、なぜ実験を中止したかも、定かではない。この実験が実際に行われたものとして推測すると、次のようなことであろう。

アンテナを取り付けたということは、アンテナに同期する何らかの波動を取り込んでいたことになる。これは電波だけとは限らない。赤外線、あるいはもっと波長の長い波動、潜象エネルギー波などの可能性もある。ストーンサークルでは、空洞共振器を使用した。これから波長が判る。その波動を取り込み真空管で増幅して、音ではなくて動力として使用していたことになる。

テスラの時代は、ウエスタン・エレクトリック社で、真空管が盛んに作られていた頃なので、電気回路もよく研究されていた。同社はオーディオの分野では群を抜いており、アメリカ中の映画館の音響装置はすべて同社の製品であった。受信管や増幅管のほかに、送信機の製作も行っており、送信用の大電力増幅管の製作も行っていた。同社の製品を紹介した『八島誠コレクション』（誠文堂新光社）の中には記載されなかったが、八島誠が集めた真空管の中には、同社製の大出力送信管もあった。

従って、テスラがこれら真空管を使用していたとしても、別段不思議ではない。

（元々、オーディオは音の振動を取り出してそれを増幅している。音の振動を電気振動に変換して、それを増幅する手段であるので、自然の振動を検出しそれを増幅していたとしてもおかしくはない）

微弱な電波を拾ってそれを増幅して、動力として使用していたということであるが、若干疑問がある。受信した電波をいくら増幅しても、動力として使える程のエネルギーにはならないのではないかということである。

出力エネルギーは精々数百ワットのレベルである。一般的なオーディオの出力は、大きくてもこれ以下であるから自動車の動力としては足りない。送信機の場合は、数キロワット以上であろうが、これだけの電力

145

第3部　潜象エネルギーを顕象エネルギーに転換するには？

を得るには設備が大きくなってしまう。自動車に積載する大きさではない。

　このような電力をテスラはどうやって手に入れたのであろうか？　このように考えてゆくと、テスラは電波を捉えたのではなくて、別の波動を捉えたものと考えざるを得ない。おそらく、潜象エネルギーの波動ではないかと思われるのである。この波動も電波と同程度の波長を有していたことになる。

　このような潜象エネルギー波の存在は、ストーンサークルの石群の地下に設けられていた、空洞共振器に相当する穴の大きさから推測できるのである。

　波動であれば、その種類を問わず、アンテナに同期するのであるから、あり得ることである。

　このように考えてゆくと、潜象エネルギーの増幅に、真空管が使用できるのである。

　将来、潜象エネルギーを捉えることができるようになったとき、そのファーストステップとして、真空管が利用できることになる。

　もう一つ、音を動力に変えることができるかということについて付言する。音の振動を動力に変換する手段としては、超音波モーターがある。テスラの時代、このモーターはまだ開発されていなかったと思うが、彼はそれを自作したのかも知れない。

　電波などの振動を増幅して、動力として用いるとすれば、こういう方法によったものと思われる。

　いずれにしても、この方法では、必ず電源が必要になる。真空管を使う以上、不可欠なのであるから、潜象エネルギーのみでの作動とは考えにくい。

　ここで考えてみたいのは、潜象エネルギーは顕象エネルギー（ここでは実電流のこと）に伴って流入することがあるのではないかという話である。

146

実電流が導線を流れるとその回りには磁場が発生する。するとこの磁場は潜象エネルギーを呼び込むことになるのではないかと考えることができる。リニアモーターの垂直力の発生を考えた場合、この垂直力とは実電流に伴って発生した磁場（実磁場）に誘発されて流入した潜象エネルギーにより発生した力場ではないかと考えてみた。

　なぜ、推力と90度異なった方向に垂直力が発生するかという理由はこんなところにあるのかも知れない。

　導線の電流とは90度異なった平面に磁場が発生するか、フレーミングの法則で説明できるのは、ここまでである。

　垂直力の発生データーは得られているがなぜ発生するかについての原理的な説明はできていない。

　重力の発生が潜象エネルギーの回転場に発生するように、この状態にある電磁場にはこのような垂直力が誘発されるのではないかと思われる。

　今は、直流での考え方を進めているので、テスラの方法とは違うが、興味あるテーマであるのは確かである。

　まずは、直流を流すコイルを用いてテストするのを優先するが、潜象エネルギーを考えた場合、波動として伝播するのであれば、振動波としての考察を進めておかねばならない。ということで、スパイラルコイルのテストは、直流だけではなくて交流の場合も考えておくことになる。

　このとき、スパイラルコイルに合わせたバリコンを追加した回路を設け、この回路に共振する波長の潜象波を探してみると、テスラが得たであろう波をキャッチして、それを利用できるかも知れない。

　別のアプローチであるが、2次コイル、3次コイルは、1次コイルの2倍、3倍の巻き線にしてみる。誘導電流があれば、電圧が高くなるはず。いずれにしても、この試みは電磁気学と流体力学の範疇に属する理論で、

147

第3部　潜象エネルギーを顕象エネルギーに転換するには？

処理できるものであるから、潜象エネルギー的な発想ではないが、試みる価値があると考える。

　真空管回路をスパイラルコイルで集めた潜象エネルギーを増幅して使えるようになれば、面白いことになる。普通の回路の効率を超えたエネルギーが得られる可能性があるからである。

　コイル構成の回路について、潜象エネルギー的な発想を付け加えておく。

　コイルの形を6芒星にしてみる。一つの試みは、コイルを6角形に配置することである。不確かなことだが、日本超古代の文字カタカムナを解読した楢崎皐月が開発した楢崎コイルの話である。なぜ3個のコイルを配置してあるか判らないと言った養豚家の話から推測したことである。彼はフィールドの静電気に似たエネルギーを集めるのに、3個のコイルを用いたようである。このコイルはソレノイド型のコイルのようである。この回路の配線については全く判らないが、一種の静電位を高めるのに用いたようである。それが潜象エネルギーである可能性が高いのである。さすがに動電力は得られなかったが、一種の静電気は集められたようである。この装置の詳細は不明だが、これを養豚場に持ち込んだところ、養豚場の臭気がなくなり、飼育している豚の成育もよくなったそうである。

　このコイルを、文字通りスパイラルにしてみる。スパイラルコイルを渦巻き型に巻くとき、円形ではなくて、6角形に角張った形に巻いてみる。

　この形でも、円形コイルと同様に、外周を流れる電流と、内側を流れる電流とは、角速度の差が出るのは同じであるから、中心部には、鉛直の力の場が発生するはずである。

148

その理由であるが、潜象エネルギーを集めるのであれば、テスラアンテナは６角形にした方がよかったのではないかと考える。それも、角のとがった６角形のスパイラルコイルが望ましい。

　従って、同調する波動の波長は、相当に長いものであったと思われる。大湯のストーンサークルで発見された地下空間のサイズからはメートル波と推察したが、この波長よりも、もっと長い波長の潜象エネルギー波を、テスラは受信していたものと思われる。

　スパイラル型に巻けば、50mでも100mでも巻ける。仮にアンテナの長さが100mとして、これが1/4波長の波に同調していたとすれば、受信した潜象エネルギー波の波長は、400mであることになる。放送用の電波で言えば、長波に属するものである。

　どの波長の潜象エネルギーを集めるかによって、アンテナの大きさや、形状も変わってくる。

　当然のことながら、受信したエネルギー波を増幅するためには、高周波増幅回路を設けることと、周波数（波長）が判れば、それに同調するように設計することになる。電力増幅には、通常の電力増幅管を活用することになる。

　音声として取り出すわけではないので、増幅したパワーをどのように動力に変換するかは、これから考えることになる。

　アンテナから増幅回路に導入する際、検波が必要かどうかである。『神々の棲む山』（たま出版）の中に述べたように、潜象エネルギー流も搬送波と変調波が存在している。

　以前は光の波長を基準にして考えたので、このように考えたが、光の波長にこだわらなければ、搬送波の波長が潜象エネルギーの場合は、かなりその帯域の幅があって、各種の波長の潜象エネルギー波があると考えられる。

第3部　潜象エネルギーを顕象エネルギーに転換するには？

　搬送波の波長は短いが変調波の波長はそんなに短くない。

　今回は動力になり得る潜象エネルギー流である。この波の波長は、潜象光の波長よりもずっと長い波長である。

　最初に考えた波長は、宮城県宮崎町で視た潜象光の配列から変調波の1波長として、4.5kmを想定した。

　しかし、この波長の1/2、1/4、1/8の波長もあり得ると考えていた。

　今回は、光（潜象光）ではないが、アンテナの規模から言って、1km、あるいはその1/2、1/4程度の波長を想定してみることにする。

　どの波長が取り出しやすい潜象エネルギーかは、何度か実験してみて、その結果によろう。

　問題は、増幅回路で得たエネルギーは、電力変換されたされたものになる。だからこれによってモーターを回転させることが可能になる。この増幅回路に要する電力消費量よりも、出力電力が大きくなれば、超出力となり、潜象エネルギーの活用ができていることになる。

　ここで、潜象波の検波が必要か？　搬送波そのものを増幅できないか？を考えてみる。もしできれば、この問題は解決する。アンテナのコイルの長さだけで調節できればなおよい。宮崎町で考えた波長を4.5kmにした理由は、直線状に並ぶ山頂の間隔が4.5kmであり、エネルギーを集めた思われる城跡までの距離も、4.5kmであったことにより、この城で山のエネルギーを集めたと考えられたからである。（詳細は『神々の棲む山』を参照願いたい）

　フリーエネルギーを取り扱った本の中に、長さ1〜2kmのアンテナを張って実験した話が出ていたことを記憶している。結果は定かではないが、このような発想が出てきたことは参考になる。宮崎町の場合と発想は同じである。

　ストーンサークルの話の中でも述べたことだが、波動というのは、そ

150

の波長に共振する性質がある。1波長の長さ、あるいはその1/2、1/4といった長さのものに共振する。電波のアンテナはこの性質を利用して製作されている。ダイポールアンテナ、空洞共振器などがその例である。パラボラアンテナは、どんな波長のものでも回転放物面に当たれば放物面体の焦点に集まるという性質を利用している。

このように、波動はその固有の波長の長さ、またはその1/2、1/4の長さに共振するので、共振回路をそれに合わせて設計することになる。

このようにして、アンテナに伝わった潜象エネルギー波を、電気回路で増幅することができるというように考えればよい。そしてこれは、潜象波を電気振動の信号に変換したことになる。何段かの増幅器をへて、必要なワット数を得ることになる。

テスラコイルに関連して、アンテナの話をレビューしてみる。電波を用いた通信技術はテスラの時代に比べて、格段に進歩してきた。使用する電波も長波、中波、短波、極超短波、ミリ波など、波長がかなり短い分野まで、拡がってきた。

電波のもう一つの分け方では、アナログ型からディジタル型に変化してきた。こうして電波通信技術は、一昔前とは全く違って、多種多様の電波が地球表面を飛び交っている。この電波はエネルギー波の伝播である。潜象エネルギー波も、電波や光と同じように伝播する波動と考えてよい。従って、潜象波と呼んで差し支えない。今後は潜象波と呼ぶことにする。この潜象波を大エネルギー力として取り扱うには、ストーンサークルのような大きな設備を必要とする。

このためには、石英を含む巨石構造を超古代と同様、設置することになる。石英片は電圧を加えただけで振動する性質を持っている。しかし巨大な設備を設けるのは、資金的にも、場所の選定も多大の労力を必要とするので、その前段階として、アンテナによる潜象波の活用を考えてみることにする。

第3部　潜象エネルギーを顕象エネルギーに転換するには？

　基本的な考え方としては、長波から短波ぐらいまでの波長を考える。そのヒントは、テスラが電気自動車を走らせるのに、アンテナと真空管増幅器を用いたらしいということである。

　この話が事実であるとすれば、潜象波をアンテナで取り込んで、それを増幅し電力に変換して、利用したことになる。

　この時選ばれた潜象波の波長を推定するのはなかなか難しい。何度もテストを行ってみないと判然としない。2重に巻かれたテスラコイルの巻線数から一応は推測が可能であろう。

　もう一つは、大湯のストーンサークルの地下に掘られた空洞から推測することもできよう。この空洞のサイズからは、メートル波を利用していた可能性が高い。

　これまで考えてきたことをまとめてみる。

　テスラの無燃料車、流体力学をベースにしたスパイラルコイルに発生する鉛直力の利用、ストーンサークル地下の空洞からみた潜象波の波長推定などである。

　これらのことから、どのような波長の潜象波を利用するかを考えてみる。

（1）テスラの無燃料車では、アンテナが鍵になっている。ここでは2重巻にしたスパイラルコイルが用いられている。

　実際にはどういうコイルであったか、正確なことは判っていない。しかし一応のコイル接続は判っていて、これを利用してフリーエネルギーの研究が行われているので、アンテナとして有効であると判断してもよいのではなかろうか。

　問題はこのアンテナを用いても、いつでもフリーエネルギーが集められるというのではない。何時間か後で突如として、強力な力の場が発生

152

するのである。しかもこの力を制御することができないでいる。

　テスラの時代（1930 年頃）の頃の電波の利用は、長波、中波、短波までが実用に供されていた。UHF 以上の短い電波は使われていなかったようである。

　つまり、空洞共振器はなかったと考えられる。

　増幅回路は、真空管で 2 ～ 3 段増幅で、ある程度の実験結果は得られるであろう。

　検波は少々厄介であるが、バリコンを使ったやり方で試してみる。

　出力はオーディオではなくて、推力、または回転力が可能な電力を得られればよい。

　この時の潜象波はもちろん AM 波である。

　電波と同じように、潜象波の同調回路を作ってみて、同調する周波数を探してみる。

(2) 流体力学をベースにした考え方では、コイルに発生する鉛直力を利用することになるから、浮揚体を考えることになる。もしくは、鉛直力を利用した推力の利用を考えることになる。

　最終的には、UFO のような浮上力を得ることになるが、取り敢えずは、音のしないヘリコプターの動力を考えてみる。

　このためスパイラルコイルには、実電流を流して、どの程度の浮上力（鉛直力）が得られるかを確かめる。

　コイルのターン数を変えること、コイルの直径を 1m 前後、（最大 2m まで）にして、外径コイルと内径コイルの直径比を、50:1 から 20:1 ぐらいまで変化させてみる。このコイルの巻き方は、もちろん CCW 方向である。

　状況をみながら、100:1 位まで変化させて、法線力がど程度増加するかを試みる。

第3部　潜象エネルギーを顕象エネルギーに転換するには？

50:1 以上にしたら出力が顕著になるのではないか。トルネードの風速が 80m/s 以上になると法線力の発生が認められることから、この比率は推測される。

加えて、電流を流さないスパイラルコイルを数個重ねてみる。最後にはコイルの中心部に、水晶棒を挿入してみる。この時は、思わぬ力が発生する恐れがあるので、十分な注意が必要である。

この実験では、CW 巻のコイルも準備すること。理由は、不測の上昇力（法線力）が発生したときの抑制用である。

(3) ストーンサークル空洞共振器に類した波長を探すのは、ある程度、水晶柱を集めることから始める。現在ある水晶柱は十数個なので、できれば 100 個ぐらいは必要ではないかと考える。

この実験は完全に潜象エネルギーの実験となるので、不測の誘発力発生に十分注意することが大切である。力の場だけではなくて、強力な紫外線を発生させる可能性がある。

この実験の主眼は、集められた潜象エネルギーを、どのように顕象エネルギーに変換できるかが問題である

超古代のように電気に変換することなく、そのまま動力として潜象エネルギーを使えれば、文明の仕組みが大きく変わる。

(4) この他に、古事記の本質（記されている事柄の本当の意味）から推定される天津金木学の組木や、カタカムナから推測される３個のコイル（楢崎コイル）のことも考えてみる。詳しい話は別途述べる。

(1) の追加事項

テスラアンテナで集めた潜象波の増幅に関して、次の点に留意すること。

増幅するのは搬送波なのか、変調波なのかを確かめること。当時の状

況からは、搬送波に当たると思えるが、変調波の可能性もある。

　出力が音波でないなら、特に検波の必要はない。高周波のまま増幅すればよいのである。通常のラジオであれば、中波の場合、455kHz の中間周波に変換して後、音波を取り出す。

　今回は、動力として増幅するのに、変調波（包絡線）搬送波の区別は不要であろう。

　たとえば、真空管 6L6 の PP（プッシュプル）回路で、搬送波をそのまま増幅して取り出せるかということである。

　スパイラルコイルに乗ったエネルギー波を、真空管で増幅できれば楽である。

　モーターの動力として使用しようとすれば、ラジオのように周波数変換を考える必要はないと考える。

第3部　潜象エネルギーを顕象エネルギーに転換するには？

コラム4
放射能の除去について

　別件ではあるが、放射性物質の放射能除去に関する話である。
　最近は医療機器の開発も盛んで、レーザーメスなども実用化されている。開腹手術や目の角膜の手術も、レーザーメスによって行われている。これはレーザー光線による細胞破壊をすることなのである。
　同じような考え方で、放射性物質の破壊ができないかという話である。
　放射性物質にレーザー光線をあてて、放射能を出さない物質に変えてしまおうということなのである。
　ただし、この実験は大爆発を引き起こす危険性が非常に高いので、慎重に行わなければならない。一歩間違えれば、大爆発を起こし、すべてを吹き飛ばしかねない。
　まずは廃炉になった低い放射能の燃料棒を冷却水の中に入れたままで、そこにレーザー光線をあててみる。
　照射量は段階的に強くすることによって、危険度を低く抑えるようにして行えばよい。
　レーザー光線は細胞を分解するから、分子、原子のレベルで、核に作用すると考えるのである。
　放射性物質は別の原子に変化したら、放射能が停止するから、このような操作をゆっくりやると、放射能を出さない物質に変換できるのではないかと考えるのである。
　このような操作で、放射能の半減期が30年から3年とか、1年に短くなれば、それだけでも、廃炉処理も促進されることになる。

156

レーザー光線の他にも、有効な波動もあると思われるので、色々試してみるとよいであろう。

　これとは別の話であるが、『フリーエネルギー「研究序説」』（多湖敬彦著・徳間書店）には、ハチソン効果の一つとして、放射性物質の放射能を測定中、ガイカー・カウンターの目盛が、倍になったり、ゼロになったりしたという話が出ているが、詳細は不明である。しかし、少なくともハチソンがこの実験を行っていたことが本当であれば、放射能除去装置の開発も、夢ではないようである。筆者はレーザー光線にその可能性があると考えているが、別のアプローチ方法も存在することになる。

　レーザー光線とハチソン効果の話とは直接の関連性は見当たらないが、両者とも物質を構成している分子あるいは原子を破壊する機能を有していることは共通している。ここに着目すると、原子核の内部構造を変えて、放射能を出さない原子に変換する方法を探し出すことができるのではないかと思うのである。

　３番目の方法は、水晶を用いるやり方である。
　ハチソン効果の一つに、ガイカーカウンターをあてたとき、放射能がゼロになったり、急増したりする現象が見受けられたという報告がされている。これは潜象エネルギーが放射能に何らかの影響を与えていることになる。
　実験の詳細が不明なので、どのようなことが発生したのかは判らないが、テスラコイルで呼び込んだ潜象エネルギーが放射能に影響を与えたのは確かである。
　その状況を水晶柱を用いて試みてみようというのである。そ

第3部　潜象エネルギーを顕象エネルギーに転換するには？

れには水晶柱に銅線を巻いて電流を流してみる。これで潜象エ
ネルギーを呼び込むことができれば、潜象エネルギーが放射性
物質の原子核構造にどのような影響を与えるかを検証するする
ことができる。

　こうすることによって、ハチソン効果と同じように、放射性
物質の原子核構造にどのような影響を与えるかを検証すること
ができる。

　このような方法でも、放射能除去あるいは軽減に役立つこと
になると思うので、試みる価値はあるように思える。

　これには色々なモデルの水晶組石を試みることが有効である
と思える。

潜象エネルギーの検出に関わる追加テスト

ノーブレード・ヘリコプターの製作は可能か？

　潜象エネルギーを検証エネルギーに変換するには、二つの方法が考えられる。

　プロペラ回転翼によらないヘリコプターと、水晶棒を用いたストーンサークル・モデルを作ってみること２つを取り上げて、研究の対象として始めてはどうかと考えている。

　特に、ヘリコプターの問題は、空気の回転場の代わりに、電磁場の回転場を使うことになるので、わかりやすい話になる。

　この方法は最終的には、潜象エネルギーの利用に繋がってゆくことになる。

　前のところで、ノーブレード・ヘリコプターを作れるかどうかの話を書いたが、次のように考えてみる。

　一つは、現在のヘリコプターに関してである。それはジャイロ効果を応用してみることである。

　ブレードの回転方向が CW の場合、これを CCW に変更してみる。すると、独楽の重量が軽くなるのと同じ理由で、ブレードの重量に軽減効果が現れることになる。これは回転するブレードのみに現れるが、幾分でも機体重量が軽くなれば効果があることになる。その軽減比率はテストによって確かめることになるが、ブレードの回転数が上がれば軽減率は大きくなるはずである。

　次はこの方法とは全く違った方法である。

　現在の私の考え方は、渦流理論を用いた鉛直力（法線力）を創成して、

159

第3部　潜象エネルギーを顕象エネルギーに転換するには？

ブレードの代わりにするものである。

　この実験は、現在の電磁気学／流体力学の範囲内の考え方なので判りやすい。

　従来の回転翼に比べて、多少エネルギーを多く必要としても、騒音を発しないものなので、環境には極めて有効であろう。

　特に、可動部分がほとんどなくなるので、故障も少なく飛翔体としては、その有益性が相当高くなる。

　エンジンから直接ブレード動力を得るのではなくて、エンジンから発電機を介して動力を得るので、その変換に伴う損失が発生すること、発電機の重量が追加されることが、浮上力にマイナスとなる点が問題になる。

　しかし、格段に可動部分が少なくなることと、ブレードの回転騒音が無くなることは大きなメリットであろう。

　なお、ブレードの重量とコイル＋発電機重量の比較は、それぞれのシステムの浮揚力の差になるが、発電機の重量の方がやや大きいと思える。

　このシステムに変換した場合、尾翼のプロペラ（機体回転防止翼）は要らなくなる。その理由は、コイルの鉛直力は空気を回転させることにはならないからである。

　尾翼そのものは方向性を決めるのに必要なので、方向舵としては残すことになるであろう。

　立体スパイラルコイルの径が5〜10メートルと大きくなったときは、1〜2メートルの場合よりも、格段に鉛直力が増加するとか、コイルを数段重ねることによって、鉛直力の増加が著しいことになれば、実用性は高まってくる。大きなコイルを作るのは少し面倒なので、小さなコイルを円形状に並べた方がやりやすいかもしれない。

　このことは、コイルに流れる電流を増加させることになるが、電流の増加よりも鉛直力の増加が、比率的に大きくなれば有効である。

160

これらのことを実現するには、渦流による鉛直力（法線力）を推定する式を早く確定しなければならない。

　電流による回転場に発生するのは、今のところ磁場だけとなっているので注意のこと。

　これは今まで考えられたことのない考えである。これとは別に、従来の電磁気理論／流体力学から考えられる力の発生装置がある。

　電流と磁界があれば、これに直交する軸に力の場が発生する。これまでは、力の場を回転力として取り出していた。あるいはこの力をリニアモーターとして取り出していた。

　ただし、これには2次導体を必要とするので、浮上力としては使えない。従って、このあたりで電磁気学とは別個の理論が必要になる。これまでの考え方からすれば流体力学の渦理論になる。

　スパイラルコイルに発生する力の場を考えるに当たって、コイルの外側と内側では、どのようなことになるかを考えてみる。

　外側コイル1ターンに流れる電流による運動エネルギーは、どれくらいかと言えば、

$E = 1/2・rv^2$　である。

　仮に、テスト用としてコイルの外径と内径の比を20:1（外径1メートル、内径5cm）であれば、円環内側のコイルの抵抗は、外側コイルに対して$1・(2\pi)$となる。約1/6となる。

　一方、終端にあたる内側コイルの電流は、コイルの長さが$1/2\pi$となるので、見かけ上2π倍となる。これを合わせると、抵抗は$1/\ 2\pi$となり、電流の速度は見かけ上2π倍となるので、エネルギーの式からは、

第3部　潜象エネルギーを顕象エネルギーに転換するには？

これを用いて計算できることになる。

　電磁気学の発想から言えば、円形コイルの上面に、これと直交するように、コイルを巻いてやる方法があるのではないか。
　このような2重コイルを作れば、電流と磁場が直交するのではないか？
　すると、2次導体なしで、この平面に鉛直な方向に推力が発生することになる。

　円形の永久磁石で、強力な磁場を作る。
　このような電磁石を大小2個作成する。そしてその間に電流を流すコイルを挿入する。このようにすると、この平面に対して垂直な方向に力の場が発生する。
　この仕組みを、永久磁石の代わりに電磁石で作れるとよいのだが、現在の電磁気理論では難しい。

　いわゆる2重コイルを作り、テストしてみることも必要であろう。
　これはソレノダイルコイルの上に、さらにこれと直角方向に、導体を巻き付けるやり方であるが、これでは磁束の流れと電流とが直交しないので、無理である。残りはスパイラルとソレノダイルの組み合わせであるが、テストしてみないと何とも言えない。
　磁界を強力にするには、トーラス状の磁性材料（フェライトや鉄）の外側にトーラスに沿ったコイルを取り付ける。前に述べた両側コイルではなくて、外側のみにソレノダイルコイルを設置する。これでも、この2組のコイルに直角な方向に、力の場が発生するはずである。

　ここで述べた2組のコイルには、それぞれ電流を流して、回転場ではなくて、この2つのコイルの面に鉛直な方向に、力の場を発生させよう

162

というものである。

　この方法は、スパイラルコイルによる鉛直力の発生とは異なるが、同じようにコイル面に鉛直な方向に、力の場を発生させることができる。

　どちらが有力かは、実験によって確かめることになる。

　上記の考え方をスパイラルコイルに応用したら、どのような力の場が現出するであろうか？　案外面白い場になりそうである。また、この場合、2重のスパイラルコイルではどうであろうか。

【注意！】

　スパイラルコイルの実験の際は、装置の上下に保護用のストッパーを取り付けること。

　また電圧（電流）は徐々に上げていき、浮上（降下）した場合の不測の状況に備えておくようにすること。

　コイル中央部には、鉛直方向の力場が発生することを確かめるための装置を、コイルとは独立して取り付けること。

　スパイラルコイルに電流を流した場合に発生する鉛直力の大きさを、トルネードの場合と比較して、どの程度のものか推定できないであろうか？

　外周と内周との電流の速度比を、最初は、1:50 から 1:100 として試算すること。また、電流値を 1 から 5A 程度とする。

　電流値はコイル終端に抵抗をつけておいて調整する。

　電圧は 20V から 50V 程度でテストし、最終的には、100V ぐらいまで、上げてみる。

　スパイラルコイルの巻き線を2種類作ってみる。一つは円形のコイル、もう一つは6角形のコイルである。なぜかというと、アンテナコイルの

163

第3部　潜象エネルギーを顕象エネルギーに転換するには？

場合と同様、潜象エネルギーを集めるためである。

　もちろん電流を流すので、重複したエネルギーになる。あるいは、電流を流す円形コイルとは別に、6角形のコイルを重ね合わせた試みもやってみる。

　もしかしたら、このコイルには、自然に潜象エネルギーが集まるかもしれない。

　この可能性は高いので、慎重にやってみることが大切である。

　多少余計なことになるかも知れないが、トロイダルコイル（2重縒り線コイル）を創ってみる。巻き線を一度くぐらした形になるので、かなり面倒な巻き方になる。

　WE社のコイルでは、設計上、不必要と思われる余分なコイルが巻いてあるという話がある。どの程度の巻き線なのか確かめて相似のコイルを作ってみる。

　また、同じ発想をスパイラルコイルの場合も、試みてみること。

　これは、実電流に関係のないコイルに、潜象流が乗るかどうかを確かめるためのテストである。

　もし、潜象流が乗るようであれば、次のステップへ進む重要な手掛かりになる。

　コンデンサーを円形に配置して、順次放電できるようシリーズに接続して、DC電源に接続してみる。もちろん負荷を電源との間に入れる。

　こうすると、回転電場ができる。この場に対応するような形で、永久磁石による磁場を追加してみる。そして、どのような力の場が現れるかを確かめる。この回転電場で誘起されるものは何か？

　また、渦理論の応用ということで、スパイラルコイルを用いる場合は、電磁気理論的に、全く別の力が発生することになるから、数値（基本的

な）を求めるには、実験が必要になる。

　言ってみれば、超小型トルネードを製造することになるのである。

　内側コイルに流れる電流は、外側コイルの数十倍の角速度になるから、鉛直力も大きなものになる。この考え方では磁場は必要としない。しかし、仮にコイルに電流を流せば、当然のように磁場は発生する。

　この磁場は有用なものかまたは余計なものなのか？もし余計なものであっても、利用方法はないのか？等、色々検討しなければならないことが多々ある。現在の電磁気学をベースにした考え方では充分な浮上力を得られない場合は、潜象エネルギーの活用しかないので、別途潜象エネルギーの発生回路を考えることになる。

ハチソン効果テストと潜象エネルギー空間論によるテスラコイル活用との違いについて

　ハチソン効果を検証する実験装置の説明を読むと、テスラコイルには、高電圧を掛けるようになっている。このことは、サールの円盤の場合も、装置が高圧になり閃光を放つような高電圧状態になるのと似ている。

　ハチソン効果の検証の場合も、高電圧を掛けることによって潜象エネルギーを呼び込むような考え方をしているように見受けられる。

　こういうやり方によって、色々な形の超常現象を観測できたのであるから、それはそれなりの方法である。

　これに対して、筆者は別のやり方を考えている。立体スパイラルコイル（あるいは立体テスラコイル）には、高電圧は掛けないつもりである。

　ここでは、渦理論による法線力の発生を考えているので、コイルには高電圧を掛けるのではなくて、電流を増加させるかコイルのターン数を増やすかを試みる予定である。

　テスラコイルを用いる場合も、電圧ではなくて、電流制御を試みる予定である。ここにハチソン効果の実験とは基本的な違いがある。

165

第3部　潜象エネルギーを顕象エネルギーに転換するには？

　ハチソン効果の実験はかなり進んでいるようであり、その結果には大いに期待しているのであるが、基本的な考え方が異なるので、それは私のものとは別の理論である、

　ここでは渦理論による法線力の利用を確認するのが目的である。このように、コイルを使っても大きな違いがあることを述べておきたい。

各種の潜象エネルギー検出テスト

　潜象エネルギーを顕象エネルギーに変換するには、2つのやり方があるものと考える。

　1つは通常の導体を使ってコイルを試みることである。もう一つは、水晶や光ファイバーを利用するものである。

　これらのことに関してはこれまでも色々述べてきたものであり、重複している部分もあるが、ここに一応まとめてみることにした。

　まずは、始めに普通の導体を用いてコイルを作り、それに従来のように電流と磁界を作用させて力場を創り出すやり方である。

　ただし、従来のコイルと磁場による力場の発生ではなくて、トーラス状のコイルや、スパイラルコイル、あるいはこれらを組み合わせたコイルを作り、どのような力場が発生するかを検証する。

　これらのコイル構成はできるだけ立体化した装置を組み上げたい。

　ここで発生する力場はフレーミングの法則によるものと、流体力学の渦理論による力場の発生とがあることに留意する

　前に述べたノーブレード型のヘリコプターの開発の可能性についてであるが、さらに補足する。

　このように、コイルを用いて各種のテストを行う理由の1つには、現在知られている顕象エネルギーである電磁気を用いて、ノーブレードの

ヘリコプターの動力に、これらの顕象エネルギーを利用できないかということがある。それができれば浮揚力や推力を従来のエネルギーを用いて活用できることになる。ただしこの場合でも電磁気理論だけでなく流体力学の利用も念頭に置いている。この力場で浮揚力は多少無理かも知れないが、推力としては充分可能性があるように考えられる。

　ここでは2つのやり方を用いてみることにする。前に挙げたメリーゴーラウンド型と、えんぶり型の2つである。いずれもコラムの中で述べた事柄である。

　前者では同心円の4重〜5重のコイルに電流を流して、どのような力場が発生するかをみることになる。

　このコイルであるが、コイルは導体（銅線あるいはアルミ）で巻き、実電流を流した場合と、それに加えて、電流は流さないが光ファイバーのコイルを追加した場合とでは、どのような違いがあるかを調べる。

　また、えんぶり型コイルの場合と同じように、銅線コイルの上に光ファイバーコイルを重ねて同様のテストを行う。

　実電流を導体コイルに流すことによって、光ファイバーコイルに潜象エネルギーが流入する可能性があるからである。

　えんぶり型では外側コイルに交流を流してその内側に3個のコイルをを設置し、これにも電流を流して上向きの力場が発生するかどうかを確かめる。

　次に、外側コイルのみに実電流を流して、内側の3個のコイルにどのような変化がが現れるかをみる。

　えんぶり型コイル配置では、興味ある現象が発生するのではないかという期待がある。

　また、外側コイルと内側コイルとの間隔を狭めて、力場ないしは磁場がどのように変化するかを見る。

第3部　潜象エネルギーを顕象エネルギーに転換するには？

　次にこの回路に光ファイバーコイルを重ねておき、どのような現象が起きるかを見る。さらに、銅線コイルに電流を流したら、どのようなことが起きるかその違いを調べる。

　これらのテストの目的は、どのように力場が発生するかを見るのが第一の目的であるが、併せて、磁場の発生状況も調べる。

　太夫の舞で、えんぶりを上方へかざす所作があることから、上方へ向かう力場があるのではないかと考える。

　コイルはいずれも CCW 巻にする。

　3個のコイルの中央部に磁気柱を立ててみるのも一法であろう。

　その他の複合コイルについては、前の方で述べてあるので、ここでは割愛する。

　ここで発生する力場は、電磁気理論よりも渦理論に支配される可能性が高いと思われる。

　なお、メリーゴーラウンド型では、法線力を得るには、コイルを立体型に組み上げる方がよいと思われる。これは磁気単極の項で述べたような理由による。

　次に、水晶や、光ファイバーを用いた装置を作り、色々試みてみる。これにはストーンサークルをモデルとした組合わせのものを創り、そこにどのような現象が発生するかを確かめることになる。

　これは本格的な潜象エネルギーの顕象化テストになるので、安全面に注意して行い、思わぬ力場の発生やその他の現象が発生する恐れがあるので、注意を要する。

　水晶を用いるものはその組み合わせを大湯のストーンサークルの石組みから取ってみた。

　また、光グラスファイバーは、電気の銅線と同じように考えて、コイ

ルに巻いてみた。もちろんこれには電気は流れないので、これに潜象エネルギーが流入するかどうかを見るためである。

　水晶片に電圧を加えると、振動が発生する事はよく知られている現象なので、コイル状に巻いたものには、どのような現象が現れるかを調べてみるためである。

　この光ファイバーに実電圧を掛けた場合、何らかの現象が現れるかも知れない。

　コイルに実電流を流す主な目的は、これまでのコイルと言えばソレノイド型が主流であり、スパイラルやトーラスコイルはほとんど創られていないので、これらに実電流を流した場合の状況を知るためである。

　またこれらを合わせて複合コイルを作り、そこに発生する力場や磁場の状況を知るためである。特に、前に述べた立体スパイラルコイルのように従来の電磁気学の発想とは異なる見方で、考えてみることを試みるためである。

　現在のところ、物体を浮上させるだけの力場を電磁気、あるいは法線力のみで発生させることは難しそうである。充分な浮上力を得るにはさらなる潜象エネルギーの増加（法線力の増加）が条件になる。

　改良型テスラコイルや、水晶を利用することを考えることになる。

水晶によるストーンサークル・モデル

　次に、水晶柱や光グラスファイバーを用いた装置を作り、色々試みてみる。

　これは本格的に潜象エネルギーの顕象化テストになるので、安全面に注意して行い、思わぬ力場の発生の可能性が大きいので注意を要する。

　水晶柱を用いるものは、その組み合わせを大湯のストーンサークルの石柱構造を参考にした。

第3部　潜象エネルギーを顕象エネルギーに転換するには？

　光グラスファイバーは、電気の銅線と同じように考えて、コイルを巻いてみる。

　もちろんこれには電気は流れないので、これに潜象エネルギーが流入するかどうかを見るためのものである。

　銅線を芯線にして、トロイダルに光ファイバーを巻いたり、逆に光ファイバーを芯線にしてそれに銅線を巻いて、これらのコイルに実電流を流した場合、どんな現象が起こるかを調べてみる。

　水晶組石を創る場合、次のことに注意すること。

　大湯のストーンサークルは、組石の下に設けてあるホールの形状から推定すると、メートル波（HF帯）潜象エネルギーを集めていたと思われる。

　今回の水晶組石モデルは、大湯のストーンサークルに比べると、かなり小さなものになるので、同調する波長はVHF帯のものであろうと考えている。

　従って、共振回路もそれに見合ったサイズになる。一般的に、電波の受信の場合、共振器としては、受信波長（周波数）に見合ったクリスタル片を用いる。またこれに共振する回路もかなり小さなものになる。

　電波と同じように考えて、潜象波の場合も波長を推定して、サイズを決めることになる。（これはカットアンドトライで共振波長を探すことになる）

　このことについて参考までに述べておくが、イギリスのストーンヘンジでも、組石の下にオーブリーホールと呼ばれる空洞共振器が設けられている。

　大湯の場合と同じ考え方をしているものと思われる。これは完全な円形をなす56個の穴が、円形に盛り土された外郭の内側に、円形をなして並んでいるのが判る。

170

この穴の深さは 60cm から 1.2m 位であり、直径は 1.8m 位である。

この穴は一度掘られた後、白亜のかけらで埋められている。この穴が掘られた理由は定かではない。まして一度掘った後で、白亜のかけらで埋められた理由も同じである。

大湯のストーンサークルに掘られている穴のサイズは、深さ 40 〜 50cm、長さは 1.25m 〜 70cm 程である。

これらを空洞共振器（共振回路）と考えると、このストーンサークルで受けている潜象波の波長は、電波の領域で言えばマイクロ波か、メートル波に属する波長である。

従って、ストーンヘンジで受けていた潜象波と、大湯でのストーンサークルで受けていた潜象波は、ほぼ似た領域の波長であったと考えられる。

ストーンサークルの形状は色んなものがあって、決して一様ではないが、その中で最もシンプルなもの、比較的多く用いられている組石の形状を見てみると、次のような形がある。

中央に立石を置き、その周辺を数個から数十個の立石で取り囲んでいるもの、あるいは中央の立石の周辺を円形になるように取り囲むような配石になっているものが、標準的なパターンであると言える。

筆者が見たものの中で、その最もシンプルなものは、大分県安心院にあるストーンサークルである。

これは中央部の立石を囲んで、その周辺を 5 個の立石で囲んでおり、このサークルが 2 個ペアになって並んでいる。

海外では、英国のストーンサークルが有名であるが、その数は数百個におよんでいる。

ストーンサークルではないが、単体で組石として存在しているもので、3 個の立石でその上に平たい石をのせたものが、岩手県の遠野にある。同じようなものが英国の遺跡の中にも数カ所存在している。

この石組みはストーンサークルではないが、小型の潜象エネルギー蒐

171

第3部　潜象エネルギーを顕象エネルギーに転換するには？

集装置になっているように思える。

　ソールズベリーのストーンヘンジと鹿角にあるストーンサークルとは、これらと違って、かなり複雑な構造をしている。
　この両者は円形の２重構造になっていることは同じであるが、石組み自体には、あまり共通点はない。
　ストーンヘンジに用いられている岩石は、１個が数トン以上ある巨大な石であるが、鹿角のものは、これに比べるとかなり小さい石を数多く用いられている。
　組石の構造も、鹿角の方がかなり複雑な構造になっている。
　このように、それぞれの構造は異なるが、いずれも潜象エネルギー蒐集装置であることは同じであると考えられる。

　ここに再度ストーンサークル遺跡のことを取り上げたのは、これらの組石の形から想定される小型の潜象エネルギー蒐集装置を、水晶柱を使って試作モデルとして考えたいと考えたからである。
　潜象エネルギー装置としては、テスラコイルを用いるものと、水晶を用いるものの２通りが考えられるが、ここではストーンサークルをモデルにした水晶のサークルモデルを創るためである。
　ただし、この水晶を用いた実験では、きちんとした実験施設で行い、実験者および周辺への悪い影響をおよぼさないよな配慮が大切である。
　くれぐれも危険には留意されたい。

外郭６角柱および中心立石

（1）最もシンプルな形として、中心柱を囲む６角形とする。外郭は円形でもよいが、取りあえずは、６角形の立石配置として、中心の水晶柱にエネルギーを集められるかを試みる。

172

エネルギーが集まるかを確かめるのは、力の場であればこの装置の上部に、浮上力が得られたかどうかを確かめる装置を取り付ける。磁気が集まるようであれば、フラックスメーターを利用する。

次にこの装置単独では何も現象が現れない場合、水晶柱にコイルをCCWに巻き、それに電流を流す。

電流の量を加減するために、回路にはダミーロードを付加する。

また同様のコイルを中央の立石にも設ける。ただしこれには電流は流さないで、これに電気、あるいは磁気が発生するかどうか様子を見る。

水中に置いた水晶のまわりの水を回転させることによって、力場が発生したという実験報告から、恐らく力場が発生するものと予想される。さらに、強力な紫外線発生の恐れがあることにも注意すること。

6角形に組んだ水晶棒を回転する台の上に取り付けて、CCWおよびCW方向に回転させてみる。その結果、どのような力場が発生するかを調べる。水の中での回転とは違うが、何らかの力場が発生するはずである。回転数を増減させての状況を調べてみる。

(2) 万座遺跡の組石

野中堂遺跡に比べて、数多くの石が残されているが、その石組みの形状は度重なる地盤の沈降と浮上によって、かなり崩れている。

それを多分こうであったろうと推測して、図面にしたのが、12種類程ある。(『十和田湖山幻想』今日の話題社　参照)

これらの石組みを基本にして、水晶柱の組み立てをやってみることにする。

(3) ストーンサークル全体の構成

万座遺跡も野中堂遺跡も、全体の構造はそれぞれ2重のサークルになっている。そして内側のサークルは12個の小サークルからなり、かつ、その中央部にには大きな立石がある。

第3部　潜象エネルギーを顕象エネルギーに転換するには？

　外郭サークルは16個の小サークルからなっている。また、小サークルと外郭サークルとの間には、2個の小サークルが設けられている。この2つの小サークルは中央立石からの角度が約62度になっている。この角度のことであるが、2つの組石そのものが地盤変動の際に多少位置がずれたのではないかと思われる。本来は60度であったのではないかと考えられる。この組石の機能は何かは今のところ理由が判っていないが、これと似た組石がイギリスのストーンヘンジにも存在するので、集めた潜象エネルギーの制御に関わっていたのではないかと思われる。

　大湯のストーンサークルで比較的原型を留めている組石に、日時計と呼ばれる組石が2個ある。
　1つは万座遺跡の日時計組石であり、もう1つは野中堂遺跡の日時計組石である。両者はほぼ同型の組石であるが、微妙な点で一部異なっている。共通点は両者とも低い立石で囲われていることと、中心部には大きな立石が配置されていることである。
　そして、外郭立石で囲われている部分にはぎっしりと横に並べられた石材が配置されている。中央立石からは横石が放射状に外郭立石に向かって配置されている。
　この放射状に配置された横石であるが、万座の場合は、外郭立石までは完全に届いていなくてほぼ半分ぐらいのところまでになっている。そこから外郭立石までは別の石で補っている。一方野中堂のものは中央立石から外郭立石まで一本の石が中央立石から届いている。この横長石はよく見ると、中央立石から放射状に外郭立石に向かって配置されているように見受けられる。あるいは、外郭立石で集めたエネルギーを中央立石に伝えるものとも考えられる。どのように考えるかによって、組石の機能が何であったかを決めることになる。恐らくは後者であった可能性が高い。
　石英を用いたモデルでは野中堂の石組みを参考にしたい。

174

また、外郭立石の代わりに、光ファイバーを10回〜20回程巻いたものを用いてみたいと考えている。

これと併せて、銅の巻線を巻き電流を流したら、潜象流を誘引できる可能性もある。ただし、電流は5A以内にとどめ、ダミーロードを付加し電流制御を行う必要がある。

中央立石から外郭配石へは、6個の横長石に相当するように水晶石を配置する。

この形状で潜象エネルギーがどのように流れて、その結果、どのような現象（力場の発生とか、電磁場の発生）が見られるかを観察する。

中心柱から放射状に配置した横長石（横に寝かした石英柱）にコイルを巻き、DC電流を流してみて場の状況の変化を観察する。

通常得られる水晶柱は長くても精々10cm位までなので、これでモデルを作るのは小さくなりすぎるので横長に置く水晶柱は2〜3個つぎたして、サークルの大きさを広げてみる。

このように多少大きくした方が、発生する現象の観察は楽になろう。

大湯のストーンサークルの配石は複雑なので、外郭配石に相当する光ファイバーあるいは水晶組石にも、コイルを巻いて、電流を流してみることを考えてみる。

次に、外郭水晶柱（光ファイバー）にもコイルを巻いて電流を流す前に、これに潜象エネルギーが発生して、潜象流が流れるかどうか少し様子を見てみる。

(4) 万座サークルと野中堂サークルとがペアになっていることと、その付近に黒又山があり、この3者がエネルギー的に何か関連があると考えられるので、そのつながりについても考えてみる。

水晶柱の組み合わせだけでなく、さらに一歩進んで考えてみることも必要である。

第3部 潜象エネルギーを顕象エネルギーに転換するには？

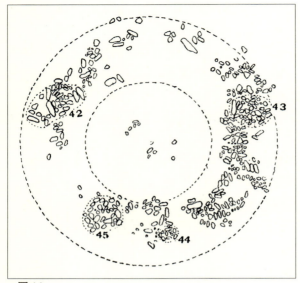

図14

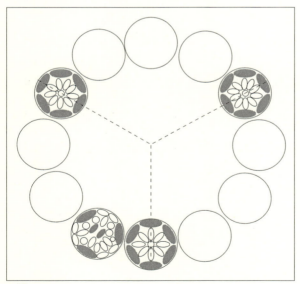

図15

イギリスのストーンヘンジでも、少し離れてはいるがシルベリーヒルがあるので、似たような状況にある。
　もしこのような組み合わせを考えるのであれば、光ファイバーをCCW巻に円錐状に巻き上げてみる。この発想は、神護石の考え方である。もう一つは、ピラミッド型に水晶柱を組み上げて、エネルギーを集める力があるかどうかを確かめてみる。
　パリのルーブル美術館には、入り口のところに透明なピラミッド型のものが設置されている。これはこの形にエネルギーが集まるという発想があるからと推定される。
　このように、2つのモデルを組み合わせる場合には、両者の間隔を色々変えて、ピラミッド型や円錐型のものに集められた潜象エネルギーが、水晶柱に集められたものとうまく集まる点を探すことになる。

(a) 日時計構造

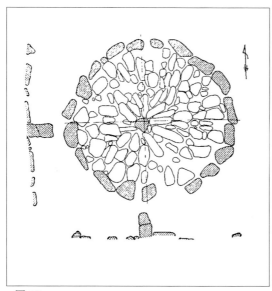

図16

第3部　潜象エネルギーを顕象エネルギーに転換するには？

(b) 2重円環組石構造外帯と内帯および日時計)

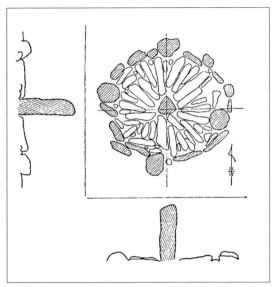

図17

(c) 12個の組石構造

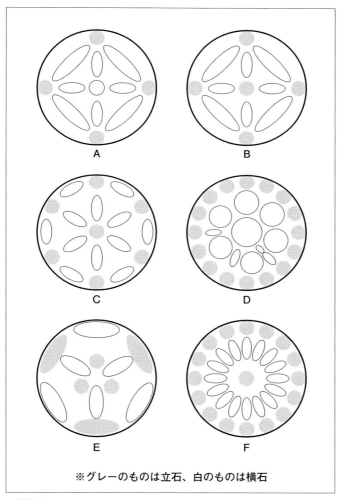

図 18

第3部　潜象エネルギーを顕象エネルギーに転換するには？

イギリスのストーンヘンジ・モデル

今回は、日本のストーンサークルをモデルにした水晶柱の組み合わせを主体にしたテストについて、述べてきた。

イギリスのストーンヘンジをモデルにしたテストについては、またの機会に譲るつもりであるが、冒頭にこれらの写真を掲載したので、これらについて若干補足しておく。

イギリスのストーンサークルに用いられている岩石は、日本のものよりも、かなり大きい岩石である。また、サークルの規模もかなり大きいものである。

写真にあるように、3メートルを超す大きさのものがいくつも使われている。

ストーンヘンジに用いられている巨石はこれらよりもさらに大きな岩石であり、その上整形されて、きちんと円形に組み上げられている。現在は、かなり損傷しているが、それでもある程度原型を想像することができる。

『ストーンヘンジの謎』（ホーキンス著　小泉源太郎訳　大陸書房）によれば、次のようになっている。

この工事は、1期〜3期にわたって実施されている。1期に設置された巨石は、ヒールストーンと呼ばれ、基部から先端までの高さは約6メートル、重量は35トンもある砂岩で出来ている。この巨石は32キロ離れたマールボロー丘陵から運ばれてきている。

また巨石群はブルーンストーンの馬蹄形列石、ブルーンストーンの環状列石、30のアーチ状列石などからなる。

直立する石の一番上のところには、小さなこぶ型の突起があって、その上に乗せる横石の方には、椀型のくぼみがあって、これにはめ込む形

になっている。

これに使われているブルーンストーンは、4トンから5トンの切石で、プレセリ山脈を滑り落とされ、天然の港ミルフォードヘーブンに着く。そこから船または筏でブリストル海峡を運ばれて、エーボン川のセバーンス入江まで来る。

サーセン石の採取地から、約400キロメートルも離れているのである。少なくとも82個にのぼる一本石がこのルートで運ばれたのである——と説明されている。

さて、これらの巨石の切り出し、運搬及び巨石の組み上げは、どうやって行われたかが問題になる。説明文通りとは思えないのである。

現代の土木・建築技術をベースにすれば、パワーショベルや大型のクレーンなどが考えられるが、当時はこのような大型機械は無かったのである。人力主体の作業ということになるのである。そうすると、かなりハードな困難な工事となる。

そこで考えられるのは、アトランティス文明で用いられた、重量物を浮上させて運ぶという技術である。

前に述べたように、エドガー・ケイシーのリーディングでは、ピラミッドの建設についてはこのような技術が使われたと述べている。同じ手法がストーンヘンジでも使われたと考えてもおかしくはないのである。

特に、立石に石英が多く含まれていると、この手法は更に容易になる。

ここではこれ以上言及しないが、アトランティス文明の技術が利用されたということは充分に考えられることである。

外郭列石がリング状になっており、それが石柱で空中に支えられている。また、円環の中心部にある石組みは、パラボラアンテナのように、一方向がオープンになっており、この方向に集められたエネルギーが放射されるような感じである。

181

第3部　潜象エネルギーを顕象エネルギーに転換するには？

　使用される石材は、石英を多く含む砂岩であり、潜象エネルギーを集める能力も大湯の石材よりもかなり大きなものである。

　2重円環列石になっていることや、組石下部にホールがあることなど、大湯のものと似ているところもあるが、異なる点も多いのである。

　従って、ストーンヘンジの水晶モデルを作るには、もう少し、その機能について研究が必要である。

　理由は、ストーンヘンジのさらなる調査が必要だからである。イギリスでもかなり詳しい調査はなされているようであるが、潜象エネルギー空間論的な研究はなされていないようなので、改めて調査する必要があると思われる。

　場合によっては、砂岩でさらに小型のストーンヘンジを造ってテストすることも考えられる。いずれにしても、これらはその機能をよく検討してから実施した方がよい。

　この砂岩の使用は、ストーンヘンジ・モデルだけではなくて、大湯ストーンサークルモデルにも利用できるのではないかと考える。砂岩の石英含有率は約70パーセント近くあり、水晶柱の代わりにもなり得るからである。

　このように、ストーンサークル自体を新しく造ることはできないが、水晶柱を使ってストーンサークルの組石に似た形を創り、水晶による潜象エネルギーの蒐集テストを行い、新しいエネルギーの活用化を考えたいのである。

　これによって、潜象エネルギーの顕象エネルギー化（動力や電気への変換）が図れれば新しい科学の研究が始まることになる。

182

おわりに

　これまで、超古代文明に用いられていたと思える自然エネルギーの概略から始まり、現存する巨大な石造遺跡が、その超古代文明を支えていた名残であることを説明してきた。

　その文明は３大陸の水没によって、完全に失われてしまったが、それらは生き残った人達により、技術の一部がピラミッドやストーンサークルに活用されたこと、しかし、その技術さえ現代では忘れ去られてしまっていること、等について説明した。

　またこれらの超古代文明については、偉大な霊能者エドガー・ケイシーや、他の方々によって、掘り起こされてきたが、その本質を現代人は未だに理解できないでいる。

　その原因は現代科学が最高のものであるという自負、あるいは過信にあるようである。

　ごく一部の人達が異端の科学者と呼ばれながらも、この問題に取り組んでいるに過ぎないのである。

　テスラとか、ハチソン、あるいはサールといった人達は、その代表的な方で、優れた実績も残している。

　極めて残念なことだが、彼らの実績は巨大資本や、各国の政府、あるいはオーソドックスな科学のみを信奉する科学者たちによって、抹殺されてしまっている。

　巨大資本というのは既存の権益を守ろうとするためであろうし、政府は大資本からの要請、あるいは、オーソドックスな科学者の領域を守ろうとする保守勢力の後押しで、これらの新技術や、開発を潰していったように受け取れる。

おわりに

　しかし、よく考えてみると、潜象エネルギーの研究は、化石燃料や原子力を基盤としている巨大企業にとっても、長い眼で見た場合、決して不利益をもたらすものではない。新しい科学がもたらす権益は、現在の権益の数十倍にもなる権益を、企業にプレゼントするようになると思われる。

　今既に自動車業界は、燃費の少ないハイブリッド車を開発して、その技術も年々改良させているし、水素燃料車も実用化ができている。もう少し経てば、水素燃料のハイブリッド車が主流を占めることになるのもそう遠い将来ではなくて、すぐ近い将来にも現れかねないことは充分現実味を帯びてくる。

　そうなれば、化石燃料を基盤とする自動車や、他の移動体の駆動源は大きく様変わりすることは、少しでも先の見通しについて予見できる人にとっては、いとも容易いことであろう。

　新しい技術を抹殺するよりも、その先を見通してそれを育成する方に回った方が、将来はより有利になるものと思われる。

　日本ではこれらの開発を紹介し、啓蒙している人に、多湖敬彦、桐山信雄がいる。

　これらの研究は、一般的にフリーエネルギー研究と呼ばれている。このフリーエネルギー研究であるが、「その本質は何であるか」ということについての研究までは、なされていないのではないかと見受けられる。

　従って、発生した現象を追っかけてはいるが、その元のところまでは追究されていないようである。

　実験科学が基礎となって発達したものであり、現代物理学には参考になるものがほとんどないので、やむを得ないのであろうが、ここいらでこれらの現象がどうして発生するか、その背後に何が潜んでいるかを考えてみると、この新しい科学は大きく進歩するのではなかろうか。

　筆者はこれらの研究の流れとは違って、瞼を閉じたときに視える光（潜

象光）が存在する空間の研究から始まり、宇宙空間というのは真空では
なくて、これらの目に見えない空間の重複した状態が、真の空間である
との結論に到達した。

この空間のことを潜象エネルギー多重空間と呼んでいる。フリーエネ
ルギー研究と似たような研究であっても、フリーエネルギーという言葉
を用いないのは、このような理由による。

本質的な根本原因を探すことを主眼に置いているからである。

これらの現象は、現代科学では説明できない現象であり、これらが発
生するのは、潜象エネルギー空間が存在するからであるという考え方を
している。

宇宙空間には、この潜象エネルギー空間が顕象空間とともに常にどこ
にでも存在しているという認識が大切なのである。

一昔前の、宇宙は真空であるという考え方は誤りなのである。

この本の中では、万有引力・重力の問題についても、新しい考え方を
示した。ニュートンの時代は、潜象エネルギー空間の認識がなかったた
め、万有引力の法則という間違った説を唱えたが、これは潜象エネルギー
空間が存在するという前提に立てば、2物体間には万有引力が発生する
というのではなくて、潜象エネルギー場そのものに、そのような力の場
を保有し、その場に存在するすべてのものにその力が作用しているので
あるという風に、理解できるのである。

すると、2物体間にはなぜ引力が作用するのかというわかりにくさが
解消するのである。

今回は、この潜象エネルギーを顕象エネルギーに変換するにはどうす
ればよいかについても取り組んできた。

そのためのテストを行うにはどのような考え方をすればよいか、につ

185

おわりに

いても述べてきた。

　一つ残念なのは、テストを実際に行って、そのデータを示すことができなかったことである。

　ハチソン効果のところで述べたように、このテストでは予測しがたい現象が次々に起こること、巨大な（無尽蔵な）潜象エネルギーが顕象化された場合、どのような制御方法があるのか、その予測がつかないためである。

　本文の中で述べたテストは、本格的な研究所で実施するのが望ましい。そうでないと、思わぬ事態を引き起こす恐れがあるので、注意が肝要である。

　今後、この分野に参画する科学者が増え、アトランティス文明まではいかなくとも、ピラミッドや、ストーンサークル建設時の潜象エネルギー活用ぐらいまでは、早い機会に実現できることを期待したい。

　そして、もし将来を見通せるどこかの企業または機関で、これらの開発を集中的に進めることができたら、最も急務とされている原子力発電に用いられた使用済み核燃料の放射能の除去や、地球温暖化を抑止するための強力な技術開発に繋がると考えられる。

　いつまでも化石燃料や原子力に頼るのではなくて、宇宙に存在している潜象エネルギーを利用できるようになれば、新しい人類の未来が花開くのではないかと思っている。それを願って筆を置くことにする。

　なお、本書の出版に当たって、今日の話題社・武田社長、高橋秀和氏に多大の尽力をいただいたことに御礼を申し上げる。

参考文献

『エドガー・ケイシーの大アトランティス大陸』（エドガー・エバンス・ケイシー著　林陽訳　大陸書房）

『アトランティス』（フランク・アルパー著　香取孝太郎監修　太陽出版）

『ストーンヘンジの謎』（ホーキンス著　小泉源太郎訳　大陸書房）

『ハチソン効果』（横山信雄監修　たま出版）

『未知のエネルギーフィールド』（多湖敬彦訳編　世論時報社）

『フリーエネルギー「研究序説」』（多湖敬彦著　徳間書店）

『フリーエネルギー技術開発の動向』（D.A. ケリー編、中原宇玉・中原真人・唐沢宏之共訳）

『いまさら流体力学』（木田重雄著　丸善）

『連続体の力学』（棚橋隆彦著　理工図書）

『リニアモーターと応用技術』（山田一著　実教出版）

『磁石とその使い方』（谷腰欽次著　丸善）

『神々の棲む山』（長池透著　たま出版）

『21 世紀の物理学　潜象エネルギー空間論』（長池透著　今日の話題社）

『十和田湖山幻想』（長池透著　今日の話題社）

長池　透（ながいけ・とおる）

1933年宮崎県生まれ。電気通信大学卒業後、日本航空整備株式会社（現日本航空株式会社航空機整備部門）入社。航空機整備業務、整備部門管理業務、運航乗務員養成部門、空港計画部門などを経て、磁気浮上リニアモータ・カー開発業務に従事。1993年、定年退職。20数年にわたり、超古代文明、遺跡の調査研究を行い現在に至る。著書に『神々の棲む山』（たま出版）、『十和田湖山幻想』『霊山パワーと皆神山の謎』『超光速の光・霊山パワーの秘密』『21世紀の物理学　潜象エネルギー空間論』（今日の話題社）がある。
日本旅行作家協会会員。

21世紀の物理学②
潜象エネルギー多重空間論

2017年4月20日　初版第1刷発行

著　　　者　長池　透

発　行　者　高橋　秀和
発　行　所　今日の話題社
　　　　　　東京都品川区平塚2-1-16　KKビル5F
　　　　　　TEL 03-3782-5231　FAX 03-3785-0882

印刷・製本　わかば

ISBN978-4-87565-635-7　C0042

長池透の既刊

21 世紀の物理学
潜象エネルギー空間論

太陽は、2つある?! もし「目には見えない太陽」
があったとしたら……?
新しい視点《潜象物理学》の誕生!

定価：本体 2,000 円＋税

十和田湖山幻想
──ストーンサークルと黒又山──

十和田湖ができる以前、そこには「十和田湖山」
があり、潜象エネルギーを操る高度な超古代文明
が栄えていた!!

定価：本体 1,500 円＋税

霊山パワーと皆神山の謎

長野県・松代地方でおよそ2年にわたり発生した
謎の群発地震には、潜象エネルギーが関与してい
たのか!?

定価：本体 1,600 円＋税

超光速の光 霊山パワーの秘密

西日本の巨石遺跡・山々・神社を巡り「潜象光」
を視る──。それは超古代文明の痕跡を辿る旅で
もあった!!

定価：本体 1,600 円＋税

お求めはお近くの書店または弊社まで直接ご注文ください